「非戦の国」が崩れゆく

有事法制・アフガン参戦・イラク派兵を検証する

梅田正己＝著
Umeda Masaki

高文研

はじめに

この本は、私が、どうしても書いておきたい、いや書いておかなくてはならない、という思いで執筆したものです。

そう思ったのは、次の三つの理由からです。

第一の理由は、歴史の記録ということです。第二次大戦からおよそ六〇年、この国はいま最大の歴史の曲がり角を曲がりきろうとしています。そのプロセスを、後世の歴史家の眼ではなく、同時代を生きているものの眼で記録しておかなくてはならない、と思ったのです。

第二の理由は、とくに有事法案をめぐって仕組まれた一種のトリックともいうべきことを明らかにしておきたかったということです。

今回の有事法案が浮上するまで、有事法制といえば、一九七七年いらい防衛庁内で検討がすすめられてきた自衛隊法の改正を指していました。ところが、〇二年四月、有事三法案が提出されると、国会審議でもマスメディアでも、武力攻撃事態法案だけが取り上げられ、自衛隊法改正問題は殆ど全く裏に隠されてしまったのです。

そのため、今回の自衛隊法改正案に潜んでいた根本的な矛盾、つまり冷戦終結から一〇年余がたち自衛隊自身が戦略転換しているのに、改正法案の中身は冷戦当時の研究そのままの、いわば冷戦時代の〝遺物〟ともいうべきものとなっているという問題も、国会で一言も追及されることはなく、自衛隊法改正案は「無傷」で成立したのです。そして、そのことについての疑問も、メディアからはついに発せられませんでした。

こうした奇怪な事象を含め、平和憲法体制に決定的な変更を加えた有事法の成立の過程を、私なりに明らかにしておきたかったのです。

最後、第三の理由は、ふたたび過ちを繰り返さぬために、ということです。

これも有事法の成立過程にかかわりますが、国会審議を通じても、最も重要で決定的な問いが抜け落ちていました。「いま、なぜ有事法制なのか」という問いです。小泉首相の答えは終始「備えあれば憂いなし」でした。あとは「大規模テロ攻撃」や北朝鮮の核とミサイル、「武装工作船」など〝脅威の幻影〟がふりまかれただけです。

結局、「いま、なぜ有事法制なのか」という最もプリミティブで、しかし最も重要な問いに対する答えを欠いたまま、有事法制は成立してしまったのでした。

いま、憲法改正が具体的日程に上っています。自民党は〇五年中に、民主党は〇六年中に憲法改正案をまとめる予定です。衆参両院に設置されている憲法調査会も〇四年をもって予定の五年間の「調査」期間を終え、年内にもその報告をまとめると伝えられます。また自民党の憲法調査会会長は、〇七年の国政選挙にあわせて憲法改正の国民投票を行うというシミュレーションを示しています。そのために必要な「憲法改正国民投票法案」も、自民党はすでに準備しつつあります。

憲法改正を求める理由としていろんな意見が出されています。中には、「知る権利」や「環境権」「プライバシー権」の明記、憲法裁判所の新設といった口当たりのいいものもあります。しかし、何といっても焦点は「第九条」です。憲法改正をめぐる長い論争史を見ても、争点は明らかに第九条でした。

したがって、憲法改正問題に際しては、徹頭徹尾、この争点にこだわりぬくことが重要です。有事法案の問題で「いま、なぜ有事法制か」という問いを発しつづけることが必要であったように、憲法改正問題でも、「いま、なぜ憲法改正なのか」「いま、なぜ第九条を変えるのか」という問いを執拗に発しつづけなくてはなりません。

本書の第Ⅳ章で「変質する自衛隊」について述べました。有事法案が提出される背後には、自衛隊の変容・変質という現実があり、そのことと有事法とは固く結びついていたのです。

有事法制の成立と変質する自衛隊が向かっている方向は、第Ⅱ章で述べるように「軍事国家」への回帰です。そしてその仕上げとなるのが、憲法第九条の改変なのです。したがって、憲法改正問題では「なぜ、第九条を変えるのか」という問いを発しつづけることが何より重要です。そこから浮かび上がってくる国家像――「軍事国家」を認めるか、認めないかが、この憲法改正問題の核心にほかならないからです。

「いま、なぜ有事法制なのか」という決定的な問いを欠いたまま、有事法制を成立させてしまった過ちを、ふたたび繰り返してはなりません。そのために、有事法の成立に至る過程を振り返っておくことが、どうしても必要だと考え、私はこの本を書いたのです。

◆目　次

Ⅱ 有事法の成立
——「非戦の国」との決別

Ⅲ 自衛隊「参戦」から「派兵」へ
——アフガン戦争・イラク戦争と日本

Ⅳ　変質する自衛隊
——「専守防衛」から「海外展開」へ

装丁＝商業デザインセンター・松田礼一

I

歴史の曲がり角

——一九三〇年代と二一世紀初頭の現在

歴史の曲がり角、といいます。が、その曲がり角は、必ずしも鋭角的ではありません。むしろ、緩いカーブの連続、といった方が適切かも知れない。

地上で見れば、それは緩いカーブにしか見えません。しかし、高い上空から見れば、それはまぎれもなく「曲がり角」なのです。

一つの国がこの曲がり角を曲がりきるには、ふつう数年かかります。したがって、その途上にあるときは、それが曲がり角であるということは意識されにくい。角をすっかり曲がりきって、もはや後戻りがきかなくなってから、多くの人が過去を振り返り、ああ、あの時が曲がり角だったのだ、と気づくのです。

1　大日本帝国の最後の曲がり角

✣日中全面戦争への突入

第二次世界大戦前、大日本帝国の最後の曲がり角は、一九三七（昭和12）年の夏から、四〇（昭和15）年の秋にかけてでした。盧溝橋事件に始まる日中全面戦争への突入から、日独伊三国同盟の締結にいたる三年間です。

一九三七年七月七日、北京郊外で演習中だった日本軍と中国軍とが接触し、小規模の戦闘が起こります。盧溝橋事件です。しかし、ここからすぐに日中全面戦争へと突き進んだわけではありません。じっさい、事件の四日後には現地の日中両軍の間で停戦協定が成立しているのです。

当時の日本陸軍の間にも、これを戦争拡大のチャンスと見る派と、それに反対する不拡大派の対立がありました。しかし結局は拡大派が押し切り、さらにその強硬論が成立まもない近衛《このえ》内閣を突き動かして、大量派兵を決定、七月末、現地での小さな衝突事件を口実に日本軍は中国軍への総攻撃を開始するのです。ここに、以後四五年八月まで八年間に及ぶ中国との全面戦争が始まりました。

強硬論の背後にあったのは、中国軍に正面から一撃を加えれば、中国は容易に屈伏するだろうという、中国人の抗戦意思、中国のナショナリズムに対するあなどり、軽視でした。しかし当時の中国国民政府と中国共産党は、それまでの対立を乗りこえて手を組み（第二次国共合作）、抗日民族統一戦線を結成して、徹底抗戦に立ち上がります。

八月の上海《シャンハイ》攻撃から、一二月、当時の中国の首都・南京《ナンキン》を陥落させるまで、日本軍はたしかに中国軍を圧倒しました。しかし国民政府は拠点を奥地の重慶《じゅうけい》に移して、抗戦をつづけます。戦争は持久戦となり、泥沼化を深める一方となりました。

広大な中国大陸の占領地域を維持するため、日本軍は七〇万から八〇万の兵力を中国戦線に送り込みました。そのほかに満州（中国東北地方）に約三〇万の関東軍を駐留させていましたから、合計およそ一〇〇万の大兵力を、日中戦争の全期間を通じて中国大陸にはりつけていたことになります。

ベトナム戦争（一九六四〜七五）で、アメリカが南ベトナムに送り込んだ兵力は最大五五万人、その結果、アメリカ経済は破綻し、世界の基軸通貨だったドルの権威も揺らいで、金・ドル交換制が停止されたのでした。そのことを考えると、八年にもわたり、一〇〇万の軍隊を中国戦線にはりつけておくことが、当時の日本にとってどれほどの負担であったかがわかります（ちなみに、今回のイラク戦争でアメリカがイラクに送り込んだのは一五万でした。）

この苦境を打開するため、日本政府は和平工作を何度も試みたり、カイライ政権を樹立したりしますが、ことごとく失敗に終わりました。戦争が泥沼化してゆくなか、農村では中心的な働き手を軍隊にとられたため労働力不足が深刻になり、当然、食糧の生産高が落ちてゆきます。そのための配給制の導入をはじめとして、政府による経済統制がすすめられ、国民生活は窮迫の一途をたどりました。

戦争は止めたい。しかし、兵力を引き揚げることはできない。いや、縮小することさえできない。そうしたジレンマがつづくなか、政府と軍が望みをかけたのは、ヨーロッパでのナチス・ドイツを中心とする動きでした。

✣日独伊三国同盟の締結

三九年九月一日、ドイツ軍は突如ポーランドに侵攻、二日後、イギリス、フランスはドイツに宣戦布告、第二次世界大戦がはじまります。しかしその後は、双方が対峙したまま半年あまりが過ぎました。そして翌四〇年四月、ドイツ軍はデンマークとノルウェーに侵攻、翌五月には中立を宣言していたオランダ、ベルギー、ルクセンブルグの三国に侵略して、たちまちこれらを制圧します。

オランダ、ベルギー両軍の脱落によって、ベルギーのフランドル平原に布陣していた英仏軍は孤立します。強力な空軍に支援され、戦車を先頭にたてたドイツ軍の機甲部隊の攻撃を受けて、フランス軍三〇個師団は戦意を喪失して崩壊、イギリスの遠征軍三〇万も、ドーバー海峡に面したダンケルク海岸に追いつめられ、全滅寸前となって本国に逃げ帰ったのでした。この後六月、ドイツ軍はパリに無血入城してフランスは降伏、八月にはドイツ空軍によるイギリス本土空爆が開始されます。この間、ドイツと同盟を結んでいたイタリアも、六月、参戦しました。

軍事史上にも例のない緒戦でのドイツ軍の圧倒的勝利は、日中戦争の長期化で閉塞《へいそく》状況にあった日本に旋風を巻き起こしました。陸海軍からは東南アジア侵攻（南進）の声が上がります。それまで現在のベトナム・ラオス・カンボジアはフランスの植民地（仏領インドシナ）であり、石油を産出する現インドネシアはオランダの植民地（蘭領東インド）であり、ゴムの産地である現マレーシアやシンガポールはイギリスの植民地でした。それら植民地の宗主国がドイツに打ち負かされたその隙に、日本が出ていって押さえようというわけです。この機会を逃せば、やがてそれらの地域もドイツの支配下におかれるかも知れない、という焦りもありました。

「バスに乗り遅れるな」が合い言葉となりました。そしてこのチャンスを生かすには、ヒトラーのドイツのような強力な政治体制――「新体制」が必要だという声が、政界や言論界に広がっていきました。そしてかつぎ出されたのが、前年一月、泥沼化した日中戦争の収拾に失敗し、嫌気がさして政権を投げ出した近衛文麿《このえふみまろ》でした。

そうしたなか近衛自身も再出馬を表明、七月、第二次近衛内閣が成立します。陸軍大臣には東條英機《とうじょうひでき》、外務大臣には松岡洋右《ようすけ》が就任しました。

近衛内閣はまず「基本国策要綱」を閣議決定します。そこには、ドイツの「ヨーロッパ新秩序」に対応する「大東亜新秩序」がうたわれていました。つづいて、陸海軍の主張する「南進」政策も決定され、ただちにその具体化に取りかかります。

　翌八月、ドイツから、ドイツ・イタリアとの三国同盟締結のための特使派遣が通告されます。その背景には、こんな事情がありました。一つは、ドイツはイギリス本土空爆を始めたものの、ドイツ空軍の戦闘機は航続距離が短くて自軍の爆撃機を援護することができず、迎え撃つイギリス戦闘機隊に阻《はば》まれて制空権を奪えなかった。そのためヒトラーは、対イギリス短期決戦を断念せざるを得なくなりつつあったのです。そしていま一つは、アメリカが対イギリス支援に公然と踏み切ったということがありました。ドイツとしては、日本と軍事同盟を結ぶことでアメリカを牽制しようという読みがあったのです。

　ドイツからの軍事同盟締結の申し入れは、実はそれ以前にも二度ほどありました。最初は三八年一月で、これまでの日独防共協定（一九三六年一一月調印）を軍事同盟へと強化したいという提案でした。しかし日本が応じなかったため、ドイツは再度、翌三九年一月に同様の提案をしてきます。これに対しても日本側はあいまいな態度で応じたため、ドイツとイタリアは同年五月、両国だけで軍事同盟を結んだのでした。

　ドイツからの申し入れに、なぜ日本は応じなかったのか。大きな理由の一つは、海軍の反対でした。ドイツとの軍事同盟は、ドイツが行動を起こしたとき、自動的にイギリス、そしてアメリカを共同の敵にまわすことを意味します。海軍は、とくにアメリカを敵にまわすことを深く怖れていたのでした。

三八年当時、日本の総輸入額の三分の一はアメリカからでしたが、そのうち石油は七五%、鉄は四九%、機械類は五三%をアメリカからの輸入が占めていました。鉄がなければ、戦車や軍艦を造ることはできないし、石油がなくてはそれらを走らせることができません。とくに海軍の場合、軍艦を動かすことができなければ、それはもはや海軍とは呼べません。そのことを考えれば、海軍がアメリカとの敵対を深く危惧していたのもうなずけます。

四〇年八月の三回目のドイツからの提案に対しても、海軍の中にはやはりアメリカとの関係の悪化を懸念する声がありました。しかし今回は、ドイツ軍の破竹の進撃に目を奪われ、日本政府も軍も浮き足だっていました。わずか一〇日間の交渉をへて九月一九日、天皇臨席の「御前会議《ごぜんかいぎ》」で、国策として三国同盟への参加が決定されます。そして同月二七日、ベルリンにおいて日独伊三国同盟条約の調印が行われたのでした。

ここに、日、独、伊を中心とする「枢軸国《すうじくこく》」と、英、米、中国(のちにソ連が加わる)を中心とする「連合国」が対立する第二次世界大戦の構図が確定します。この後四一年一二月八日、日本軍が、ハワイ真珠湾のアメリカ太平洋艦隊の基地と、マレー半島のイギリス軍に奇襲攻撃をかけるまでにはまだ一年二カ月の期間がありますが、そこにいたる道はこの三国同盟で決定されたのでした。

東南アジアを含む西大平洋においてアメリカ・イギリスと、中国大陸において中国と、日本が戦いつづけた戦争は、一九四五年八月、日本の敗戦によって終わります。この戦争により、三一〇万人の日本国民が命を失いました。アジア諸民族の犠牲者は、二千万人に上るといわれます。この結末は、三七年七月、日中全面戦争への突入によって歴史の曲がり角を曲がりはじめ、その泥沼化のすえに四〇年九月、三国同盟の締結で角を曲がりきった、その段階で予定されていたといえます。その後、修正の試みがなかったわけではありませんが、もはや後戻りはできませんでした。

2　現代日本の曲がり角

✣平和憲法下、初めての「参戦」

以上は、第二次世界大戦前の日本がたどった歴史の曲がり角でした。では、第二次大戦後の日本の曲がり角はいつでしょうか。

「いま」だと考えます。二一世紀初頭の現在が、第二次大戦後にこの国が迎えた最大の曲がり角だと、私は考えるのです。

直接の始まりは、二〇〇一年九月一一日の「同時多発テロ」でした。ハイジャックされた旅客機を使って、アメリカ経済の中枢（世界貿易センタービル）と軍事の中枢（国防総省＝ペンタゴン）が自爆テロ攻撃を受けたのです。

ブッシュ米大統領は直ちに「対テロ戦争」を宣言、一カ月後の一〇月七日には早くもアフガニスタン攻撃を開始します。テロ実行犯を生み、指令したと見られるテロリスト集団アルカイダと、その首領と目されるオサマ・ビンラディン氏を、アフガンを支配するタリバン政権がかくまっていると考えたからでした。

一方、日本の小泉首相はいち早くブッシュ大統領の「対テロ戦争」への協力を約束、わずか一八日間の国会審議で「テロ対策特別措置法」を成立させました。この特措法により、海上自衛隊の補給艦一隻と護衛艦二隻がインド洋・アラビア海に出動、作戦行動中の米英海軍の艦船に対し、燃料の軽油を無償で提供しつづけることになります。

こうした行動を、政府は「後方支援」と呼びます。「後方支援」というと、たいしたことではないように聞こえますが、含まれている意味は重大です。なぜならこれは、憲法によって「戦争」を放棄した日本の自衛隊が、戦時下、作戦行動展開中の戦域に出動して、作戦行動の一環に加わった、つまり「参戦」したということにほかならないからです。もちろん、第二次大戦後、初めてのことでした。

日中戦争につづく第二次大戦によって、徹底的に打ちのめされ、戦争の惨禍を体験しつくした日本は、一九四六年一一月、新しい憲法を定め、再出発しました。そのさいの最大の行動原理が「平和主義」であり、めざした「国のかたち」が平和国家でした。この原理はほどなく警察予備隊の創設（一九五〇年）から自衛隊の発足（五四年）へと続く再軍備によって薄められ、あいまいにされていきますが、それでも国民の「非戦」の思いによってささえられ、自衛隊の行動、とくに海外派兵の衝動を固く拘束してきました。もしそれがなければ、ベトナム戦争（一九六四―七五年）にも、また湾岸戦争（一九九一年）にも、自衛隊は当然、アメリカの同盟国として参戦していたはずです。

平和主義の原理、具体的には平和憲法によって、自衛隊はその発足から半世紀、実際の戦争にただの一度も参加することなく、したがって他国の兵士を一人も殺害することなく過ごしてきたのです。

その自衛隊が、二〇〇一年一一月、テロ特措法によってついに「参戦」したのです。「平和国家」日本が、大きな曲がり角へ一歩を踏み出したのです。

✣有事関連三法の成立

アフガン戦争は米軍の一方的な攻撃に終始し、早くも一二月七日にはタリバン政権の拠点だったカンダハルが陥落します。

「対テロ戦争」は、これで終わったはずでした。しかしブッシュ政権は、戦争の構えを解きません。そして翌〇二年の年頭教書では、イラク、イラン、北朝鮮の三国を「悪の枢《すう》軸《じく》」と名指しし、それとの対決のための軍事予算の一挙引き上げを宣言するのです。この「悪の枢軸」が、第二次大戦での三国同盟の締約国――ドイツ、イタリア、日本のファシズム三国を下敷きにした命名だったことはいうまでもありません。

以後、「イラクの脅威」がブッシュ政権の側から声高に語られるようになり、あわせて「やられる前にやれ」という好戦的な予防先制攻撃論までがあけすけに語られるようになります。たとえばこの年六月、ウエストポイント（陸軍士官学校）の卒業式で、ブッシュ大統領はこう演説したのでした。

「テロとの戦いでは、守りに回っていたのでは勝てない。敵に戦闘を挑み、敵の計画を崩壊させねばならない」

「脅威が現実化するまで待ったら、待ちすぎだ。安全への唯一の道は行動だ。そして米国は行動するだろう」

しかし、現実の国際社会ではさすがにこの予防先制攻撃論を直接適用することはできません。そこで、サダム・フセインが隠し持っているという「大量破壊兵器」が持ち出されることになります。イラクが隠匿《いんとく》している核兵器や生物・化学兵器がテロ組織の手に渡ったら恐るべき脅威となる、というわけです。

この主張は国連でも受け入れられ、この年（〇二年）一一月、九八年以来中断されていたイラクへの国連による査察が再開されます。

一方、この間、日本では、〇二年四月、小泉内閣によって有事法制関連法案が国会に提出されます。武力攻撃事態対処法案、自衛隊法改正案、それに安全保障会議設置法改正案の三つです。

有事とは、戦争のことです。第二次大戦後の平和憲法の下で、日本の法律からは戦争にかかわる条項はすべて削除されてしまいました。日本の法体系は、戦争や軍事とは絶縁した法体系となったのです。その日本の法体系の中に、再び戦争を前提として、戦争に突入したさいの政府の権限の拡大と国民生活の統制、そして自衛隊の行動の自由を確保するために一部法律の適用除外などを持ち込もうというのが、有事立法です。

この有事立法は、自民党政権にとっては、長年の課題であり、防衛庁・自衛隊にとっては〝悲願〟ともいえるものでした。しかし、日本国民の間に深く浸透している平和意識・反戦感情にはばまれ、その法案提出はずっと見送られていたのです。

その有事法案が、九九年三月に能登半島沖で展開された自衛隊による「不審船」追跡事件、そして9・11の同時多発テロ、それにつづく「対テロ戦争」などを追い風に、〇二年四月、小泉内閣の手でついに国会に提出されたのでした。

法案は当然、国会論議の中で強い批判にさらされます。とくに焦点となったのは、「武力攻撃事態」の定義でした。法案では、それは「武力攻撃（武力攻撃の恐れのある場合を含む）が発生した事態又は事態が緊迫し、武力攻撃が予測されるに至った事態をいう」と、きわめてあいまい、かつ混濁した表現になっていたからです。法案は結局、継続審議となりました。

その後、夏を過ぎて秋を迎えた九月一七日、文字どおり電撃的なニュースが日本国民を驚愕させます。小泉首相が突如、北朝鮮の平壌《ピョンヤン》を訪問、金正日《キムジョンイル》総書記と会談した上、日朝国交正常化交渉の再開と、そのための双方の基本的立場を承認しあった「日朝共同宣言」に署名したのです。第二次大戦後五七年間、未解決のまま残されていた最大の懸案が、これにより一挙に解決に向かうことが期待されました。

ところがこの会談の席上、金総書記が北朝鮮当局による日本人拉致《らち》の事実を認めた上で謝罪、「八人が死亡、五人のみ生存」と伝えたことから、北朝鮮との関係は逆に悪化の一途をたどることになります。

加えてこの年一二月、九州奄美大島沖の海域で北朝鮮の工作船が発見され、海上保安庁の巡視船と銃撃戦の上、自爆して沈没する事件が起こります。この工作船はのちに海上保安庁の調査で覚せい剤の密輸船と判定されるのですが、一般には「テロ」と結びつけ、「北朝鮮の脅威」をあおる恰好の材料となりました。

以後、テレビ、週刊誌を中心に加熱される一方の「北朝鮮の脅威」を背景に、有事法案は翌〇三年六月、国会では見るべき実質的論議もないまま成立しました。平和憲法の下、戦争・軍事と絶縁したはずのこの国の法体系のなかに、戦争を前提として、国民全体を戦争体制に組み込んでゆく法律が出現したのです。この時すでに、私たちは歴史の曲がり角の中ほどに達していました。

✣ブッシュ政権のイラク戦争

時間を少し戻して、再びブッシュ政権とイラク問題に返ります。〇二年一一月、国連による「大量破壊兵器」査察が再開され、査察団はサダム・フセインの大統領宮殿も含め査察をつづけますが、大量破壊兵器は見つかりません。

ブッシュ政権首脳は、イラクにはもはや大量破壊兵器は存在しないことを知っていたのかも知れません。翌〇三年二月一四日、米国のパウエル国務長官は査察継続に反対を表明、その一〇日後、米英両国はスペインを巻き込んで国連安保理に対イラク武力行使容認決議草案を提出します。

これに対し、安保理の常任理事国であるフランス、ロシアと、非常任理事国のドイツは武力行使反対を表明、以後、イラクへの武力攻撃をめぐってツバぜりあいがつづきます。しかし結局、米英は安保理で多数を獲得することはできませんでした。これより先、二月一五日にはローマで三百万人、ロンドンで二百万人など、世界各地で史上最大の反戦集会・デモが行われ、世界の世論はこぞってイラク戦争に反対していたのです。

三月一六日、米英スペインの首脳は大西洋の中ほどに浮かぶアゾレス諸島で会談、外交交渉の打ち切りを決めます。そして翌日、ブッシュ大統領はサダム・フセインに対し、四八時間以内の政権放棄を要求する最後通牒《つうちょう》を突きつけます。小泉首相はそのブッシュ大統領に対し、「国連決議なしでも米国を支持する」ことを伝えました。

翌一八日、国連査察団はイラクを退去、アナン国連事務総長は「決議なしの武力行使は国連憲章違反」と批判しました。しかし四八時間の期限が切れた三月二〇日未明、米英軍はイラクへのミサイル攻撃を開始します。そしてこの日、小泉首相は緊急会見を行い「米英国の攻撃を理解し、支持する」と言明したのでした。

圧倒的な戦力の差により、イラク戦争は米英軍の一方的な攻撃に終始し、短期間で終わりました。四月四日、米英軍は首都バグダッドを制圧、五月一日、ブッシュ大統領は戦闘終結を宣言します。

しかし、本当の「戦争」はそこから始まりました。米英の占領統治に対するイラク人の武力抵抗が、イラク全土で始まったのです。

✣イラク派兵――小泉首相の「歴史的決断」

そうしたなか、繰り返し米国支持を表明してきた小泉政権は、自衛隊による「イラク復興支援特別措置法」を準備、七月に成立させます。アフガン戦争での米英軍支持は、海上自衛隊による燃料補給という後方支援でした。こんど送り出そうというのは、陸上自衛隊が中心です。それも海や空でなく、陸地の「戦場」へ行かせるというのです。

現地での武力抵抗は日を追って激しさを増し、米兵の死が連日のように伝えられるようになります。住民の犠牲者も数を増し、ついに国連の現地本部や赤十字国際委員会までが標的となって爆破されました。

こうしてイラク現地の泥沼化が深まるなか、日本政府はイラク特措法にもとづき、自衛隊派兵のための基本計画の策定をすすめます。そしてついに一二月九日、基本計画を閣議決定、それまで自衛隊派兵の時期について尋ねられるたびに「情勢を見きわめて」とくり返していた小泉首相が、自衛隊派兵についての所信表明を行います。読売新聞社説は、それを「歴史的決断」と最大級の賛辞でたたえました（12月10日付）。

これまでも陸上自衛隊は、一九九二年以来、ＰＫＯや人道支援で海外出動を行ってきました。しかしそのとき携行《けいこう》していった武器は、小銃や拳銃だけでした（ルワンダの人道支援では、それに機関銃一挺をプラス）。しかし今回の陸上自衛隊は、戦闘部隊である一三〇名の警備中隊を含む五五〇名と、機関銃つきの装甲車両が最大で二百両、それに対戦車用の無反動砲や対戦車弾をもってゆくのです。

小泉首相は、「戦闘をしに行くのではない。復興支援のために行くのだ」と力説しましたが、自衛隊の側にその意思はなくとも、ゲリラに襲撃されれば、否応なく戦闘行為に引きずり込まれることになるでしょう。だからこそ、これまでのＰＫＯとはレベルの異なる武器が必要なのです。

「戦闘をしに行くのではない」とはいっても、現実には戦闘に突入する可能性はきわめて高いのです。そのことを重々承知した上で、自衛隊を「戦場」に送り出すということは、結果的には自衛隊に「戦闘」を命じたことと同じだといえます。今回の派兵で、発足五〇年にして初めて、自衛隊は「実戦」の引金を引き、他国民を殺傷する確率がきわめて高いのです。その意味で、小泉首相の今回の決定はたしかに「歴史的決断」でした。

この自衛隊の「戦場」派兵によって、この国は歴史の曲がり角をさらに深く曲がりました。しかし、まだ曲がりきったわけではありません。なぜか。

✣まだ、憲法が残っている！

イラク特措法の自衛隊派遣には、派遣先が「非戦闘地域」でなければならない、という大前提が明記されていました。「現に戦闘が行われておらず、将来も戦闘が起こらないと見定められる地域」でなければ、自衛隊を派遣してはならない、という条項です（第二条）。しかし、これまでの経過を見れば、現在のイラクにそうした安全な「非戦闘地域」など存在しないことは明らかでしょう。

　また同法では、武器の使用に関しても、刑法三六条、三七条に該当する場合を除いては武器を使ってはならない、と定められています（第一七条）。刑法三六条とは「正当防衛」、三七条は「緊急避難」を規定した条項です。たとえば警官は拳銃を携帯していますが、正当防衛や緊急避難の限度内でなければ、それを使うことはできない、ということです。もしその限度をこえて使えば、過剰防衛を問われることになります。今回、自衛隊は武器を持ってゆくけれども、正当防衛や緊急避難の範囲でしか、それを使ってはならない、とイラク特措法は規定しているのです。

　にもかかわらず、全土が「戦場」となり得るイラクでは、自衛隊が「戦闘」に巻き込まれる確率が高いということは、すでに述べました。では、その「戦闘」のさなか、自衛隊の武器使用はどうなるのでしょうか。あくまで正当防衛と緊急避難の範囲内に限定されるのでしょうか。

「自衛隊は軍隊である」と小泉首相はたびたび明言しました。しかも、今回派遣される中には、戦闘部隊である警備中隊が含まれているのです。その戦闘部隊に対して、正当防衛、緊急避難の限度内でしか武器を使ってはならない、とイラク特措法は命じているのです。「戦場」へ出てゆく「軍隊」に対して、いわば警察官レベルの武器使用規定を課しているのです。

「非戦闘地域」にしろ、この「武器使用規定」にしろ、イラクの現実と軍事的常識を無視した一種のフィクションにすぎません。ではなぜ、自衛隊をイラクに派遣するのにこうしたフィクションが必要なのでしょうか。

平和憲法があるからです。憲法九条は、「戦争」放棄とともに「武力による威嚇又は武力の行使」を禁じています。行先が「戦闘地域」であれば、否応なく戦闘に巻き込まれ、「武力の行使」を迫られるでしょう。だから、出てゆく先はどうしても「非戦闘地域」でなければならないのです。

また、こちらは「非戦闘地域」だと思っていても、襲撃を受けないという保証はありません。その時は武器を使用して応戦することになりますが、しかし憲法違反とならないためには、それがどんなに非現実的であろうと、正当防衛、緊急避難だと強弁せざるを得ないのです。石原・東京都知事は今回の自衛隊派遣について、「撃たれたら、堂々と撃ち返して、相手を殲滅《せんめつ》すればいい」と言ってのけましたが、法治国家であることを返上しない限り、そういうことは許されないのです。

つまり、「武力の行使」を禁じた憲法九条がある限り、自衛隊は「普通の軍隊」になれないのです。外国に出て行って、「軍隊」として機能することはできないのです。

憲法九条の第二項「陸海空軍その他の戦力は、これを保持しない」という条項は、自衛隊の発足とその増強によって破られました。しかし、破られはしたものの、歴代政府による「解釈改憲」の幅を強く規制し、それによって「武力の行使」を禁じた第一項に強い生命力を吹き込み、両方が相まって自衛隊の行動を拘束しているのです。つまり憲法九条のしばりが解除されない限り、自衛隊が「普通の軍隊」へと完全脱皮することはできないのです。

ということは、裏を返せば、憲法九条が改変されたとき、自衛隊は「普通の軍隊」になるということです。それは同時に、日本がこれまで憲法により内外に宣明してきた「平和国家」と完全に決別するということでもあります。

一九九九年、国会法が改正され、衆参両院に常設委員会として憲法調査会が設置されて、翌二〇〇〇年二月から「調査」を始めて、すでに四年が過ぎました。憲法調査会は五年を予定していますから、すでに五分の四の歳月が経過したことになります。

小泉・自民党総裁は、「二〇〇五年秋の自民党結党五〇周年までに、自民党の改憲草案をとりまとめる」よう同党執行部に指示し、また同党の中山太郎・衆議院憲法調査会長に対しては改憲のための手続き法案「日本国憲法改正国民投票法案」の早期成立をはかるよう指示しました。

こうして憲法改正は、具体的日程に上りつつあります。その焦点となるのが、第九条です。ついにこの国は、第二次大戦後最大の曲がり角の最後のカーブに差しかかったのです。

Ⅱ 有事法の成立

——「非戦の国」との決別

✣有事法成立──その瞬間の国会の光景

二〇〇三年六月六日、有事法制関連法案が可決されたさいの参議院本会議の様子を、朝日新聞はこう伝えました（03・6・7付）。

〈「強い憤りを込めて反対の発言をする」。ひな壇に立ってこう切り出した共産党議員の言葉に、自民党議席から嘲笑が洩れた。討論中も、4人がけの席の全員が居眠りしている与党席があった。

「仕方ないよ。衆院で9割の賛成で決まったことなんだから」。賛成ボタンを押した中堅の民主党議員はこう釈明しながら、議場を後にした。

午後0時16分、採決。「投票総数234、賛成202、反対32」。電光掲示板の数字は大差とともに1人の棄権者がいることを示した。与党席から拍手がわき起こる一方、社民、共産両党の議員席は静まり返った。間に挟まれた民主党の拍手はまばらだった。〉

これが、自衛隊の発足から半世紀、この国の憲法体制に最大の変更が加えられた瞬間の「国権の最高機関」の光景だったのでした。衆議院での採決は起立で行われましたが、賛成は約九割、参議院も八六％ですから、四捨五入すれば九割となります。

✣自衛隊法は「無傷」だった！

ところで、この有事法の成立を、新聞各紙は「有事3法が成立」と報道しました。今回の有事法制関連法案には三つの法案が含まれているのです。一つは武力攻撃事態対処法案ですが、さてあと二つは何だったたか、すぐには思い出せない人も多いのではないでしょうか。自衛隊法改正案と安全保障会議設置法改正案です。

このうちとくに重要なのが自衛隊法の「改正」です。そこには、防衛庁・自衛隊がこれまですすめてきた「有事法制研究」の成果のほとんどすべてが盛り込まれていたからです。これまで「有事法制」と言ってきたその内容は、今回の自衛隊法の「改正」内容そのものだったのです。

ところが、この自衛隊法の改正案については、国会審議でも正面から取り上げられることはありませんでした。有事法問題はその最終段階で、自民、民主両党の代表による密室の修正協議で合意・成立にいたるのですが、その修正協議でも対象となったのは武力攻撃事態法案だけで、自衛隊法改正案は手つかずのままでした。

そのことが、とくに防衛庁・自衛隊にとってどんな意味があったのかを、有事法案が衆議院を通過した五月一五日の朝日新聞の解説記事は、こう伝えていました。

〈修正協議からすっぽり抜け落ちたのが自衛隊法改正だ。修正合意のあった13日夜、防衛庁幹部は「自衛隊法は無傷だった」と胸をなで下した。

同改正案では、（武力攻撃事態の）予測段階で、自衛隊が私有地での陣地構築や武器使用を可能とし、防衛出動時の道交法の適用除外規定もできるなど「関連3法案の核心部分」（政府関係者）とみられていた。

しかし、民主党内には「細部の議論に立ち入ると党内がまとまらなくなる」との空気が強く、議論は深まらなかった。〉

自衛隊法改正案は「関連3法案の核心部分」だったのです。防衛庁を中心にすすめられてきた有事法制の歴史を見れば、たしかにその通りです。だからこそ、それが「無傷」で通ったことで防衛庁幹部は胸をなでおろしたのです。

しかし、奇妙なことに、国会にはそのことの自覚は乏しく、メディアにもまたその意識は稀薄でした。だいたい、法案そのものも、武力攻撃事態法案についてはほぼ全文を伝えたのに対し、自衛隊法改正案については、読売も毎日も、その「要綱要旨」「抜粋」を伝えただけだったのです（朝日はほぼ全文を掲載）。

今回の自衛隊法改正案は、関連する法令がおよそ二〇にもわたります。そのような改正案の全体像が「要旨」や「抜粋」でつかめるはずはありません。つまり、多くの市民にとっては、自衛隊法改正案の全容については最初から知らされることもなく、国会での審議があったのかどうかも伝えられないまま、最後に「有事3法成立」と報じられて、やっと自衛隊法が改正されたのに気がついた——というわけです。

しかし、この自衛隊法改正案こそが、政府、とくに防衛庁にとっては「関連3法案の核心部分」であり、防衛庁・自衛隊の発足以来の〝宿願〟だったのです。

✣第二次大戦前の日本の有事法体系

防衛庁・自衛隊が発足したのは一九五四（昭和29）年、第二次世界大戦での日本の敗戦から九年目でした。その四年前の五〇年六月、朝鮮戦争が勃発、翌七月、日本を占領していた連合国軍のマッカーサー総司令官が七万五千人の警察予備隊の創設を指令、そして八月には旧日本軍の下士官兵を主体として自動小銃など米国製兵器を装備した警察予備隊が発足します。

二年後の五二年、保安庁が新設され、警察予備隊は保安隊へと〝発展〟します。同時に、戦車や大砲も装備するようになりました。五三年には、士官養成のための保安大学校（現在の防衛大学校）が開校します。そして翌五四年、保安庁は防衛庁と名を変え、保安隊は自衛隊となったのです。警察予備隊から保安隊、そして自衛隊と、再軍備をめざしての二年ごとのホップ・ステップ・ジャンプでした。

この自衛隊の発足時から、早くも自衛隊内でひそかに有事法制の研究が始まるのです。なぜか。そのわけは、第二次大戦前の日本の軍隊と対比するとわかります。

軍隊は国家の一組織であり、社会の中の存在ですから、とくに戦争（有事）となった場合、他の国家機関はじめ外部の組織・個人とさまざまの関わりを持つことになります。近代国家では、それは各種の法令によって規定されます。第二次大戦前の日本も、もちろんそうなっていました。たとえば一八八二（明治15）年に定められた戒厳令の第一条には、こううたわれていました。

第一条　戒厳令は、戦時もしくは事変に際し、兵備をもって全国もしくは一地方を警戒するの法とす。（読みやすいように、原文のカタカナをひらがなにし、句読点をつけ、読みにくい漢字はかなに移しました。以下、同じ）

戦時もしくは事変に際しては、兵備、つまり軍隊をもって警戒に当たる、といっているのです。まさに有事法（軍事法）の原型ともいえるものです。（ついでにふれますと、戦時と事変はここでは明確に区別されています。事変は恐らく、内乱や暴動［一揆、打ち毀し、革命］などを想定していたのでしょう。ところが、満州事変もそうでしたが日中全面戦争でも、相手国の首都まで攻略・占領したにもかかわらず、当時の日本政府は「支那事変」と称して、戦争とはいいませんでした。不戦条約への違反を恐れたのと、国際的批判を避けるためのごまかしでした。）

同じ明治一五年に制定された徴発《ちょうはつ》令の第一条は、こうなっています。

第一条　徴発令は、戦時もしくは事変に際し、陸軍あるいは海軍の全部または一部を動かすにあたり、その所要の軍需を地方の人民に賦課《ふか》して徴発するの法とす。

但し、平時といえども演習および行軍の際は本条に準ず。

つまり、戦時や事変に際して、軍隊が行動するのに必要な物資や人員は、人民から徴発する、というのです。そしてその徴発の対象は、第一二条で次のように列挙されていました。

第一二条　徴発すべきもの左のごとし。

一　米麦、秣芻《まつすう》（まぐさ）、塩、味噌、醤油、漬物、梅干および薪炭《しんたん》

二　乗馬、駄馬、駕《が》馬、車輛その他運搬に供する獣類および器具

三　人夫

四　宿舎、廐圉《きゅうぎょ》（うまや）および倉庫

五　飲水、石炭

六　船舶

七　鉄道汽車
八　演習に要する地所
九　演習に要する材料器具

徴発の対象に「漬物、梅干」が入っており、第二項には「運搬に供する獣類」があげられています。なにしろ一二〇年も前の法令で、当時はもっぱら馬が戦闘と輸送の主役だったのです。

この徴発令と戒厳令を組み合わせると、有事法の骨格がくっきりと浮かび上がります。つまり、有事に際しては軍隊が出動して事に当たる。そのさい軍隊の行動に必要な物資・人員は、人民から徴発する、ということです。この有事法の骨格は、今回の有事法制でも基本的に変わりはありません。

徴発令の布告から半世紀あまりをへた一九三八（昭和13）年、日中全面戦争突入の翌年、国家総動員法が制定されます。目的はその第一条で、次のように明瞭に述べられていました。

第一条　本法において国家総動員とは、戦時（戦争に準ずべき事変の場合を含む）に際し、国防目的達成のため国の全力を最も有効に発揮せしむるよう人的および物的資源を統制運用するをいう。

つづいて、国家が統制運用する「物的資源」が第二条に、「人的資源」が第三条に列挙されていました。少し長くなりますが、今回の有事法にも通じるところが少なくありませんので、引用します。

第二条　本法において総動員物資とは左に掲ぐるものをいう。

一　兵器、艦艇、弾薬その他の軍用物資

二　国家総動員上必要なる被服、食糧、飲料および飼料

三　国家総動員上必要なる医薬品、医療機械器具その他の衛生用物資および家畜衛生用物資

四　国家総動員上必要なる船舶、航空機、車輌、馬その他の輸送用物資

五　国家総動員上必要なる通信物資

六　国家総動員上必要なる土木建築用物資および照明用物資

七　国家総動員上必要なる燃料および電力

八　前各号の掲ぐるものの生産、修理、配給または保存に要する原料、材料、機械器具、装置その他の物資

九　前各号に掲ぐるものを除くのほか勅令《ちよくれい》をもって指定する国家総動員上必要なる物資

第三条　本法において総動員業務とは左に掲ぐるものをいう。
一　総動員物資の生産、修理、配給、輸出、輸入または保管に関する業務
二　国家総動員上必要なる運輸または通信に関する業務
三　国家総動員上必要なる金融に関する業務
四　国家総動員上必要なる衛生、家畜衛生または救護に関する業務
五　国家総動員上必要なる教育訓練に関する業務
六　国家総動員上必要なる試験研究に関する業務
七　国家総動員上必要なる情報または啓発宣伝に関する業務
八　国家総動員上必要なる警備に関する業務
九　前各号に掲ぐるものを除くのほか勅令をもって指定する国家総動員上必要なる業務

ご覧のように、ほとんどすべての項目に「国家総動員上必要なる」というマクラ言葉がついています。では、だれが「必要」と判断するのか。政府・軍です。つまり政府や軍が「国家総動員上必要」と判断したときに、動員の対象とされるということです。また、どちらも第九項で、ここに挙げた物資・業務ではなくても、勅令（天皇の命令。法律と同じ強制力をもつ）で「総動員物資・業務」と指定すれば、動員の対象となると規定されていま

す。文字どおり「国民総動員」の法律でした。

なお、この国家総動員法は全五〇カ条からなりますが、前半の第一条から二九条まではメディアを含むさまざまの統制命令規定、そして後半の三〇条以下はそれに違反したさいの罰則規定で構成されていました。物資の生産、修理、配給などについての政府の命令に違反したときは、なんと「十年以下の懲役」となっています。

以上に述べたように、第二次大戦前の日本は大日本帝国憲法で天皇の陸海軍に対する統《とう》帥《すい》権や宣戦布告と講和についての権限、臣民の兵役の義務などを定めたほか、軍については陸軍刑法、海軍刑法、軍法会議法、軍機保護法などがあり、有事に際しては戒厳令、国家総動員法、それにもとづく徴用令など数々の法令、それに防空法、国防保安法などが周到に用意されていました。大日本帝国は、こうした軍事法・有事法の体系でささえられた軍事国家だったのです。

✣「軍事国家」から「平和国家」への転換

この軍事国家は、しかし一九四五年八月一五日の敗戦で瓦壊《がかい》します。そのあと日本は、四七年五月三日に施行された日本国憲法の下、平和国家として再出発します。軍事法・有事法はすべて廃棄されただけでなく、一般の法律に含まれていた軍事に関する条項も抹消されました。

たとえば刑法は、一九〇七（明治40）年に公布され、その後何度も改正されてきましたが、その中には欠番になっているところがあります。

第三章「外患に関する罪」の第八三〜八六条がその一例です。この四カ条は「通謀利敵」、つまりスパイに関する条項でしたが、平和憲法により日本は「敵国」を持たない（想定しない）国となったため、スパイ罪の前提が消失し、そこでこの四カ条は四七年の改正で削除されたのです。

刑法の場合は削除でしたが、土地収用法の場合は、全面改正となりました。土地収用法は、公共の利益のために私有地などを強制的に収用する（取り上げる）ための法律ですが、一八八八（明治21）年に制定された土地収用法では「公共の利益」となる事業の第一に「国防その他兵事に要する事業」が掲げられていました。つまり「国防・軍事」が最大の「公共の利益」とされていたのです。そこで、軍事国家から平和国家へと転換した後の一九五一年、土地収用法は全面改正されました。現行の土地収用法で「公共の利益となる事業」に掲げられているのは、道路や鉄道の建設、治水や護岸などです。したがって、自衛隊が演習場を拡張しようと思っても、この土地収用法を適用することはできないのです。

（米軍基地のためには、特別に米軍用地特措法がつくられています。）

　このように第二次大戦後の日本は、平和憲法の下、その法体系からいっさいの軍事的要素を追放してきました。そうしたなか、警察予備隊から保安隊をへて、自衛隊が出現したのです。その自衛隊を法的に保障するのは、自衛隊法ただ一つでした。戦前日本を知る当時の自衛隊幹部たちにとって、それはいわば、見渡す限りの草原にひょろりと立つ一本の木のように心細く見えたのではないでしょうか。

　そこで、自衛隊の発足と前後して、防衛庁・自衛隊の一部では有事法制の研究がひそかにすすめられてきたのでした。ひそかに、というのは、当時まだ国民の間に戦争の惨禍の記憶が生なましく息づいており、自衛隊に対しては「憲法違反」という批判と疑惑が広く深く存在していたからです。もしも自衛隊が、またも戦争準備のための法的な検討をすすめているということがわかれば、発足まもない自衛隊にはまちがいなく命取りになったでしょう。

✣最大87件の有事法制を準備した「三矢研究」

　ところが、自衛隊発足から一一年たった一九六五年、自衛隊の極秘の「有事研究」が国会で野党の社会党議員・岡田春夫氏により暴露され、大問題となります。二年前の六三年に行われた「三矢研究」でした。

正式名称は「昭和三八年度統合防衛図上研究」といいます（「三矢」の呼び名はこの三八年度から出たものです）。内容は、第二次朝鮮戦争の勃発を想定しての自衛隊と在日米軍の共同作戦行動をシミュレートするとともに、作戦行動に必要な「戦時諸法案」を急きょ成立させるというものです。とくに「有事立法」は、わずか二週間の臨時国会で七七～八七件もの法令を一挙成立させるというすさまじいものでした。この大がかりな図上演習は五カ月間にわたって行われましたが、参加したのは自衛隊の幕僚監部の約五〇名、そこには旧陸軍士官学校出身の佐官クラスが多く含まれていたといいます。

三矢研究の暴露は国民を驚愕させ、かつて軍の暴走によって戦争に引きずり込まれていった記憶を呼びさましました。当時の佐藤栄作首相も、「自衛隊がこのような計画を行うことはまことに由々しい問題である」と怒りを表明しました。しかし政府は「研究」の全容を明らかにすることなく、事態は防衛事務次官以下二六名の処分で収束されました。ついでにふれると、そのとき防衛庁長官の職にあったのが、小泉純一郎首相の父、小泉純也氏でした。

こうして三矢研究は再び闇の中に消されていきましたが、その研究の成果は確実に防衛庁・自衛隊の内部に蓄積されていったはずです。その一例は、自衛隊法一〇三条に見ることができます。

三矢研究の「法令の研究」の冒頭に挙げられていたのが、この第一〇三条でした。これは国家総動員法の「人的および物的資源」の「統制運用」に当たるものですが、自衛隊法ではこうなっていました。

第一〇三条　……自衛隊が出動を命ぜられ、当該自衛隊の行動に係る地域において自衛隊の任務遂行上必要があると認められる場合には、都道府県知事は、（防衛庁）長官または政令で定める者の要請に基づき、病院、診察所その他政令で定める施設……を管理し、土地、家屋もしくは物資……を使用し、物資の生産、集荷、販売、配給もしくは輸送を業とする者に対してその取り扱う物資の保管を命じ、またはこれらの物資を収用することができる。（以下略）

ご覧のように、自衛隊法でも有事のさいには物資の保管を命じたり、収用することもできる、となっていたのです。しかし、かんじんの要素が抜け落ちていました。罰則です。罰則規定がなければ、強制力は発動されません。罰則を欠いた法令は、いわば底のぬけた樽《たる》です。前に紹介した国家総動員法も、後半の二〇カ条は罰則規定で構成されていました。罰則規定がなければ、強制力は発動されません。

そこで三矢研究の「法令研究」では、この一〇三条に罰則規定が必要だということが何度も指摘されていたのでした。

そして今回の自衛隊法改正で、ついにこの罰則規定が入ったのです。

第一二五条　第一〇三条第一項又は第二項の規定による取扱物資の保管命令に違反して当該物資を隠匿し、毀棄《きき》し、又は搬出した者は、六月以下の懲役又は三〇万円以下の罰金に処する。

第二次大戦前の国家総動員法から戦後の三矢研究、そして今回の自衛隊法改正と、有事法の基本線は一本につながっているのです。

❖統幕議長の「超法規発言」と有事法制研究の始まり

三矢研究の暴露から一三年たった一九七八年七月、再び有事法制をめぐる事件が起こります。栗栖弘臣《くりすひろおみ》・統合幕僚会議議長が、週刊誌のインタビューに答え、もしも奇襲攻撃を受けたさいは、有事法制がないのだから、自衛隊は「第一線指揮官の判断で超法規的に行動するしかない」と言い切ったのです。

自衛官も公務員です。しかも、武器を扱う公務員です。その自衛官のトップが、いざとなったら超法規的、つまり法を無視して行動する、と発言したのです。当然、大問題となりました。

一週間後、栗栖統幕議長は金丸信・防衛庁長官によって解任されます。しかし、統幕議長という自衛隊の最高位を賭けての栗栖発言は、みごとに政治的効果をあげました。栗栖解任の二日後（七月二七日）、時の福田赳夫《たけお》首相（現在の福田康夫官房長官の父）は、法制化はしないという条件付きではありましたが、政府の責任で有事法制の研究をすすめる、と表明したのです。そして翌八月七日、防衛庁はそれを受けて公然と有事法制の研究を開始したのでした。

実はこの後、同年九月二一日に発表された防衛庁の見解「防衛庁における有事法制の研究について」には、「現在、防衛庁が行っている有事法制の研究は……昨（七七）年八月、（福田）内閣総理大臣の了解の下に、三原（朝雄）前防衛庁長官の指示によって開始された」とあります。しかし、国民注視の中で防衛庁による有事法制研究の開始が告げられたのは、やはりこの栗栖発言の後だったといってよいでしょう。

それから四半世紀をへて有事法が成立した〇三年六月六日の毎日新聞の夕刊で栗栖弘臣氏はこう語っています。

「26年ほどかかって、やっとここまで来たかという気持ちだ。これまで国民、マスコミ、政治がそっぽを向いていたが、北朝鮮の工作船やミサイル問題という外圧で、目が覚めた。多少とも独立国らしくなりつつある。その第一歩だ。（中略）

しかし、この法制はあまり役立たないだろう。武力攻撃事態への対処方針は安全保障会議や閣議を経るが、戦争が始まる時にそんな時間はない。奇襲攻撃に対する準備がない。

平時の思想だけで考えた法律だ」

いかにも「超法規発言」のぬしらしい言葉です。そこには、有事法制の本格研究の端緒をつくったという自負、感慨と、同時にこれではまだまだ不足だという最高位をきわめた元軍人のいらだちがにじんでいるようです。

なおこの一九七八年は、日米軍事同盟にとってもエポックとなりました。この年一一月、「日米防衛協力のための指針（旧ガイドライン）」が決められ、日米安保条約にもとづく自衛隊と在日米軍の協力体制の枠組みが定められたのです。これ以後、空での初の日米共同訓練（78年11月）、海上自衛隊のリムパック（米海軍を軸とする環太平洋合同演習）初参加（80年2月）、陸での初の日米共同訓練（81年10月）と、日米共同訓練・合同演習が活発になっていきます。

また、在日米軍基地を維持するための経費を、日米間の協定の範囲をこえて、それこそ「超法規的」に日本側が負担する「思いやり予算」の支出が始まったのも、この一九七八年でした。

✣自衛隊法改正に生きた防衛庁の有事法制研究

有事に際して「自衛隊がその任務を有効かつ円滑に遂行する」（七八年の防衛庁見解）た

めの防衛庁の有事法制研究は、三つの領域に分類してすすめられました。

第一分類――防衛庁が所管する法令

第二分類――他の省庁が所管する法令

第三分類――所管する省庁が明確でない事項に関する法令

このうち第一分類については、早くも八一年四月に中間報告が発表されました。つづいて第二分類についても八四年一〇月に検討内容の概要が発表されましたが、第三分類についてはついに何の報告もありませんでした。

この第三分類には、「有事に際しての住民の保護・避難または誘導の措置を適切に行うための法制あるいは人道に関する国際条約（いわゆるジュネーブ4条約）の国内法制のような問題」（第一分類の中間報告）が含まれます。今回の武力攻撃事態法のいわゆる「国民保護法制」の部分に該当する内容です。同法ではこの部分は項目だけが掲げられ、条文については一年以内に整備する（当初は二年以内）となっています。それだけ複雑多岐にわたって厄介だったということです。

なお、以下に紹介する第一、第二分類の中間報告は防衛庁編『防衛白書』〇二年度までの各年度版に資料として掲載されています。

さて、第一分類の検討内容に戻って、ここでの指摘が今回の法改正にどう生かされたか、わかりやすいものから見ていくことにします。

まず「出動を命ぜられた職員に対する出動手当」の問題です。防衛庁職員給与法では、これについて別に法律で定められるとなっているが、その法律がまだ定められていない、と中間報告は指摘しています。この点については、今回の同法改正で次のように規定されました。

第一五条　防衛出動を命ぜられた職員（自衛隊員のことです）には防衛出動手当を支給する。その手当は、基本手当と特別勤務手当の二種類とし、特別勤務手当は、防衛出動時における戦闘またはこれに準ずる勤務の著しい危険性に応じて支給するものとする（要点のみ）。

ここに「戦闘」という用語が登場します。軍事的要素を排除した日本の法律の中で、この軍事用語が使われたのは、周辺事態法について二度目になりますが、ともあれ、中間報告での要求は、この法改正でしっかりと満たされました。

次は「防衛出動時の緊急通行」です。これは、今回改正された自衛隊法の条文を先に示します。

第九二条の二　……出動を命ぜられた自衛隊の自衛官は、当該自衛隊の行動に係る地域内を緊急に移動する場合において、通行に支障がある場所を迂回するため必要がある

ときは、一般交通の用に供しない通路または公共の用に供しない空地もしくは水面を
通行することができる。

一般の市民で、この条文を理解できる人がどれだけいるでしょうか。

「一般交通の用に供しない通路または公共の用に供しない空地」とは、具体的には何をさすのか、ほとんどの国会議員にも答えられないはずですが、国会で取り上げられた形跡はありません。

ところが、この日本語としては最悪の条文も、中間報告を見ると、その主旨がよくわかるのです。こう書かれています。

「(現行の)自衛隊法には、自衛隊の部隊が緊急に移動する必要がある場合に、公共の用に供されていない土地等を通行するための規定がない。このため、部隊の迅速な移動ができず、自衛隊の行動に支障をきたすことがあるので、このような場合には、公共の用に供されていない土地等の通行を行いうることとする規定が必要であると考えられる」

ご覧のように「空地」ではなく、「土地」となっています。「公共の用に供されていない土地」。これならわかるでしょう。真っ先に浮かぶのは農地、田んぼや畑です。

第二次大戦の終末期、作家・司馬遼太郎氏の所属していた戦車隊は、本土決戦のために満州から北関東に移ってきます。米軍の上陸作戦にそなえ、千葉県の九十九里浜から神奈

川県の湘南海岸にかけ、水際《ぎわ》で米軍を迎え撃つ陣地壕がすき間なく掘られました。そうした状況のなか、若かった司馬さんは上官にたずねます。

「米軍上陸となると、東京から逃げてくる避難民で道路はいっぱいにふさがれてしまうはずです。われわれ戦車隊はどうやって進めばいいんでしょうか」

上官はただひと言で答えました。

「轢《ひ》き殺して行け」

司馬氏自身が書いている有名なエピソードです。

六〇年前の日本は自動車は少なく、あってもガソリンはなく、庶民の運搬用具は荷車やリヤカーでしたから、あるいは戦車で踏みつぶすことができたかも知れません。しかし現代は車の時代です。パニックが起これば、あらゆる道路がじゅずつなぎの車列で占拠されることになるでしょう。戦車といえども、それにさからっては進めません。

では、どうするか。その時は戦車や装甲車は農地に降り、農地の上を進んでいけばよいのです。それにより、作物はもちろんダメになりますが、その損失はちゃんと補償される仕組みです。先の九二条の二の条文につづき、こう書かれているのです。

「この場合において、当該通行のために損害を受けた者から損失の補償の要求があるときは、政令で定めるところにより、その損失を補償するものとする」

こうして「緊急通行」の問題も、中間報告での指摘は今回の法改正で完全に解決されました。

次は、防衛出動の待機命令の段階から、陣地構築を認めるべきだという問題です。中間報告を引用します。

「……陣地の構築等の措置をとるには相当の期間を要するので……防衛出動命令下令後から措置するのでは間に合わないことがあるため、例えば、防衛出動待機命令下令時から、これを行いうるようにすることが必要であると考えられる」

この要求は、第七七条（防衛出動待機命令）の二として取り入れられました。

「(防衛庁) 長官は、事態が緊迫し……防衛出動命令が発せられることが予測される場合において……防備をあらかじめ強化しておく必要があると認める地域（以下「展開予定地域」という）があるときは……陣地その他の防御のための施設（以下「防御施設」という）を構築する措置を命ずることができる」

これも満額回答です。つづいて、この待機命令段階での「武器の使用」について、中間報告ではこう要求されていました。

「(現行の) 自衛隊法には、防衛出動待機命令下にある部隊が侵害を受けた場合に、部隊の要員を防護するために必要な措置をとるための規定がない。このため、部隊に大きな被害を生じ、自衛隊の行動に支障をきたすことがあるので、当該部隊の要員を防護するための武器を使用しうることとする規定が必要であると考えられる」

市民には、これはわかりにくい文章です。たしかに自衛隊法で武力行使が認められているのは、防衛出動時だけです（八八条「必要な武力を行使することができる」）。しかし、待機命令下にある部隊が「侵害」を受けるとは、いったいどういう事態をさしているのでしょうか。考えられるのは、奇襲攻撃を受けた時ということでしょうが、その時はただちに防衛出動を発令すればすむのではありませんか？

このわかりにくさは、むしろ改正された条文で解消されます。先の「緊急通行」についで新設された「展開予定地域内における武器使用」の条項です。

第九二条の三 （防衛出動命令が発せられることが予測される段階で、展開予定地域で陣地構築を命ぜられた自衛官は）当該職務を行うに際し、自己または自己と共に当該職務に従事する隊員の生命または身体の防護のため、やむを得ない必要があると認める相当の理由がある場合には、その事態に応じ合理的に必要と判断される限度で武器を使用することができる。ただし、刑法三六条（正当防衛）または三七条（緊急避難）に該当する場合のほか、人に危害を与えてはならない。

ここで、前に引用した一〇三条を思い出してください。土地や家屋の収用についての規定でした。陣地の構築は国公有地だけでやるのではありません。個人の土地や家屋を接収して行うのです。その際、それを拒否して、すわり込みやデモ、あるいはバリケードを築いたりして抵抗するケースが生じることも考えられます。抵抗が激しければ、自衛官が身の危険を感じる局面が出現しないとも限りません。

そうした時は「武器を使用することができる」となったのです。「敵」に対してではありません。住民、市民に対してです。だからこそ刑法の正当防衛、緊急避難の範囲内でなければならないのです。

以上、二〇年以上も前に作成された中間報告での問題指摘が、今回の自衛隊法改正ですんなりと解決されたことを見てきました。中間報告で取り上げられた自衛隊法の問題点で、もう一つ大きな条文が残っています。第一〇三条です。

✣土地、物資の収用に関する事項もすべて要求どおり

第一〇三条は「防衛出動時における物資の収用等」に関する条項です。つまり有事法制の核心部分にかかわる条項です。これについて中間報告は、いくつかの問題を指摘しています。

まず、罰則規定がないという点です。これについては今回の法改正で要求が満たされた

ことをすでに見ました（四八ページ）。

次は、工作物の撤去です。中間報告はこう指摘します。

「第一〇三条の規定により土地の使用を行う場合、その土地にある工作物の撤去についての規定がない。このため、土地の使用に際してその使用の有効性が失われることがあり、工作物を撤去しうるようにすることが必要であると考えられる」

この点は、改正法では次のようになりました。

第一〇三条の三　……当該土地の上にある立木その他土地に定着する物件（家屋を除く。以下「立木等」という）が自衛隊の任務遂行の妨げとなると認められるときは……当該立木等を移転することができる。……移転が著しく困難であると認めるときは……当該立木等を処分することができる。

中間報告では「工作物」となっていたのが、改正条文では立木も含めて拡大されています。樹齢何百年の樹木も、作戦遂行の上で邪魔になるときは処分が認められるのです。

右の条文では「家屋を除く」とありました。家屋についてはどうでしょうか。

第一〇三条の四　……家屋を使用する場合において、自衛隊の任務遂行上やむを得ない必要があると認められるときは……その必要な限度において、当該家屋の形状を変更することができる。

家屋の場合は「形状を変更することができる」となっています。ただし、その「形状変更」がどこまで許されるのか、定かではありません。取り壊してしてしまうのも「形状変更」だと強弁できないこともないのですが……。

さて、最後です。

土地や物資を収用するときは、都道府県知事が「公用令書」を交付して行うことになっています。この公用令書は、第二次大戦前の国民徴用令では「徴用令書」となっていました。この公用令書の交付に関して、中間報告はこう問題点を指摘していました。

「第一〇三条の規定による措置をとるに際して、処分の相手方の居所が不明の場合等、公用令書の交付ができない場合についての規定がない。このため、物資の収用、土地の使用等を行いえない事態が生ずることがあり、そのような場合に措置をとりうるようにすることが必要であると考えられる」

この点は改正自衛隊法では次のようになりました。

第一〇三条の七　……都道府県知事は……公用令書を交付して行わなければならない。ただし、土地の使用に際して公用令書を交付すべき相手方の所在が知れない場合……にあっては、政令で定めるところにより事後に交付すれば足りる。

少なくとも土地については、公用令書は後回しにしてもよい、となったのです。

以上、自衛隊法について中間報告が指摘していた問題点を見てきました。ご覧のように、ポイントの部分はことごとく自衛隊の要求が今回の法改正に取り入れられています。まさに満額回答なのです。

では次に、第二分類——他の省庁が所管する法令についての中間報告とその〝達成度〟を見ていくことにしましょう。

✣法律「適用除外」と「特例」のオンパレード

この中間報告は、先に述べたように、一九八四年一〇月に発表されました。「有事に際しての自衛隊の行動の円滑を確保するため」「（自衛隊法以外の）法令上特例措置が必要と考えられる」問題点を見つけ出すことです。

報告はまず、有事に際しての部隊の移動、輸送の問題から入ります。部隊の移動ということ、緊急出動した戦車も赤信号で止まるのか、ということがよく引き合いに出されますが、これについては全く問題はないと報告はいいます。「道路交通法に基づく公安委員会等による交通規制の実施および公安委員会の指定に係る緊急自動車の運用により、おおむね円滑に行えるものと考えられる」からです。

同様に海上自衛隊の艦船の場合も、夜間入港のさいの制限などがあるが、「港長（港の責任者）の迅速な許可または緊急用務船舶の指定により、自衛隊の任務遂行上支障がないと考えられる」し、航空機の場合もすでに「自衛隊法第一〇七条により航空法の規定の相当部分が適用除外されている」から、問題はないと報告は判定しています。

ところが、問題が一つだけある、と報告はいいます。道路や橋が敵の攻撃で損壊している場合、応急措置をしなければならないが、道路法ではそれは勝手にやってはならないことになっている。したがって「道路法に関して特別措置が必要」だというのです。

この問題は、改正された自衛隊法で簡単に解決されました。道路工事にあたっては道路管理者（国道の場合は国土交通相、県道などは知事）の承認が必要だが、自衛隊の応急工事については事後の通知でよい、となったのです。

道路や橋の修復だけではありません。道路を占用して、防御施設（たとえばバリケード）を構築する場合も、法改正で道路法の適用除外とされたのです。

次に報告が挙げているのは、侵攻にそなえて陣地を構築するさいの土地使用をめぐる問題です。

「国土の利用については海岸、河川、森林などの態様に応じて海岸法、河川法、森林法、自然公園法の法令により、国土の保全に資する観点から、一定の区域について立ち入り、木竹の伐採、土地の形状の変更等に対する制限等が設けられ、土地を使用する場合には、原則として法令で定められている手続きが必要である」。しかし、有事の時はそんな余裕はないから、「有事に際しての自衛隊による土地の使用等については、海岸法等に関して特例措置が必要であると考えられる」。

これについては法改正で、海岸法、河川法、森林法、自然公園法について「特例」が設けられました。それだけではありません。漁港漁場整備法、港湾法、土地区画整理法、都市公園法、首都圏近郊緑地保全法、近畿圏の保全区域の整備に関する法律、都市計画法、都市緑地保全法などについても「特例」「適用除外」が設けられたのです。満額回答どころではありません。それにたっぷりおまけをつけての法改正が行われたのです。

次は、建築物の構造をめぐる問題です。報告はこう指摘します。

「有事に際して、航空基地等では……航空機用えん体、指揮所、倉庫等を建築することがある」。ところが「建築基準法は、建築物を建築する際の工事計画の建築主事への通知等の手続き、構造の基準等を定めている」。しかし有事の際にそんなことに手間どっていては「速やかに建築を進めることができない」から、「有事に際して自衛隊の建築する建築物については、建築基準法に関して特例措置が必要であると考えられる」。

これについても法改正で「建築基準法の特例」が設けられ、簡単に解決されました。

次は医療の問題です。

戦争状態になれば、負傷者は野戦病院で応急処置を受けることになります。ところが医療法には、病院設置の認可の手続きや構造設備の基準などが定められています。しかし緊急の場合にそんな条件を満たすことはできないから、「有事に際して自衛隊の設置する野戦病院等については、医療法に関して特例措置が必要」だと報告はいうのです。

そしてこれも、「医療法の適用除外等」を定めた法改正で完全に解決されました。

最後は「戦死者の取扱い」です。報告は言います。

「有事に際して戦死者については、人道上、衛生上の見地から、部隊が埋葬または火葬することが考えられる」。ところが「墓地、埋葬等に関する法律によって、墓地以外の場所に埋葬すること、火葬場以外の場所で火葬することが禁じられており」、またその場合にも「市町村長の許可が必要であるとされている」。しかし、戦闘状況の中では、いちいち火葬場を探したり、許可を得たりするのは困難だ。「したがって、有事に際して部隊が行う埋葬および火葬については、墓地、埋葬等に関する法律に関して特例措置が必要であると考えられる」。

これについても、「出動を命ぜられた自衛隊の隊員が死亡した場合」には「墓地、埋葬等に関する法律」は適用しない、と今回の法改正で定められたのです。

こうして、第二分類の検討で指摘された防衛庁以外の他の省庁が所管する法令にかかわる問題点も、ことごとく解決されました。それは、改正自衛隊法の第一一五条にズラリと列記されることになります。

改正前の一一五条には、「銃砲刀剣類所持等取締法の適用除外」(自衛隊の銃砲については適用しない)と「消防法の適用除外」(自衛隊の扱う火薬などの危険物については適用しない)のわずか二項しかありませんでした。それが改正自衛隊法では一挙に二一項目にふくれあがるのです。以下、項目だけを列挙します(一一五条の三は、もとの一一六条を移行したもの)。

第一一五条の四——墓地、埋葬等に関する法律の適用除外
第一一五条の五——医療法の適用除外
第一一五条の六——漁港漁場整備法の特例
第一一五条の七——建築基準法の特例
第一一五条の八——港湾法の特例
第一一五条の九——土地収用法の適用除外
第一一五条の一〇——森林法の特例
第一一五条の一一——道路法の特例
第一一五条の一二——土地区画整理法の適用除外

第一一五条の一三――都市公園法の特例
第一一五条の一四――海岸法の特例
第一一五条の一五――自然公園法の特例
第一一五条の一六――道路交通法の特例
第一一五条の一七――河川法の特例
第一一五条の一八――首都圏近郊緑地保全法の適用除外
第一一五条の一九――近畿圏の保全区域の整備に関する法律の適用除外
第一一五条の二〇――都市計画法の適用除外
第一一五条の二一――都市緑地保全法の特例

✣中間報告はなぜ長期のお蔵入りになったのか

以上見てきたように、今回の自衛隊法改正のポイントは、二〇年も前にまとめられていたのです。しかしその中間報告は、その後ずっと防衛庁の書庫の中で、お蔵入り状態にされてきました。なぜか。

もともと有事法制研究は研究にとどめ、法案化はしないという約束もありました。しかしそれ以上に、国民世論が有事立法を許さなかったからです。一九八〇年代はまだ、この国の社会にあって「戦前」「戦中」の暗い時代の記憶をもつ世代が健在でした。国民の間にはまだ平和憲法への信頼が揺るがずにあり、戦争につながるものを忌避する感情が広く共有されていました。そのことは、一九八五年から八七年にかけての国家秘密法反対運動でも証明されます。

一九八二年、中曽根康弘氏が首相に就任します。当時のアメリカ大統領はロナルド・レーガン氏で、ソ連を「悪の帝国」と呼んで対決姿勢を強め、軍拡路線を突き進んでいました。中曽根首相はそのレーガン大統領と「ロン」「ヤス」と呼び合う親密さを誇示し、対米武器技術の供与を決め、シーレーン防衛を打ち出すなど、日米軍事同盟を強化していきました。

その中曽根氏の率いる自民党が一九八五年六月、国会に提出したのが、最高刑に死刑を定めた国家秘密法案（国家秘密に係るスパイ行為等の防止に関する法律案）でした。平和憲法の制定により「敵国」が消失したため、刑法の「通謀利敵」罪が抹消されたことは先に述べました（四四ページ）。それをこの法案で復活させようというわけです。

法案は、国の外交・防衛秘密に対して、メディアを含め国民が接近することを禁じ、違反すれば極刑に処するというものです。しかもその「秘密」は「国の行政機関の長」によって指定されるため、実質的に無制限となっていました。まさに「国民の知る権利」の抹殺、国民主権の圧殺につながる法案でした。

多くの人が、軍機保護法や国防保安法によって目と耳、口をふさがれていた「戦前」「戦中」の暗黒の時代を思い起こしました。反対運動が列島各地に起こります。日本弁護士連合会（日弁連）は組織をあげて反対運動に取り組み、日本新聞協会や日本ペンクラブは反対声明を発表しました。出版界でも日本書籍協会、雑誌協会が反対声明を出し、さらには日本書店組合連合会も反対を表明しました。こうした国民的な反対運動によって、自民党では修正案まで用意したものの、結局は立ち枯れとなったのでした。

ついでにふれますと、このときの法案の背後に「戦前」の影を読み取って身ぶるいした人たちの中に、横浜事件の関係者たちがありました。横浜事件とは、戦中の一九四三（昭和18）年から四五年にかけ、研究者や出版編集者を中心に九〇名あまりが治安維持法違反で検挙され、凄惨な拷問を受けた（獄死者四名）事件です。その結果、戦前の二大総合雑誌『中央公論』『改造』の発行元だった中央公論社と改造社が廃業させられたことを含め、史上最大の思想・言論弾圧事件だったといえます。

事件は神奈川県特高警察による完全なフレームアップ、権力犯罪でしたが、敗戦直後、占領軍が進駐してくるどさくさにまぎれてのやっつけ裁判で、被害者たちは一方的に有罪を宣告されたのでした（いずれも執行猶予付）。

国家秘密法案の出現によって、暗黒時代再来の危機感に突き動かされた事件被害者六名と遺族二名（いずれも七〇歳以上）は、八六年七月、やっつけ裁判のやり直し（再審）を申し立てました。身をもって体験した暗黒時代の恐ろしさを、裁判を通じて明らかにすることで、少しでも逆流をくいとめたいという思いからでした。再審裁判は第一次、第二次が最高裁まで行って棄却、〇四年春現在、第三次が東京高裁に、第四次が横浜地裁にかかっています。

一九八〇年代は、まだこういう時代でした。したがって、戦争準備体制そのものである有事法制を提起できる状況ではなかったのです。そのため、有事立法のねらいは定まったものの、防衛庁のまとめた中間報告は書庫の中でたなざらしにされざるを得なかったのです。

✣九〇年代で一転した自衛隊・日米安保をめぐる状況

しかし一九九〇年代に入って、状況は大きく変わっていきます。背景には、冷戦体制の終焉という世界史的な変化がありました。

八九年一一月、ベルリンの壁が崩壊します。翌一二月には、ブッシュ（父）米大統領とソ連のゴルバチョフ書記長が地中海のマルタ島で会談、冷戦の終結を宣言しました。こうして第二次大戦直後から半世紀近くにわたってつづいてきた、米ソ両陣営が核戦力を構えてにらみあう冷戦体制は終わりを告げ、世界中が〝平和の配当〟を期待しました。

ところが、九〇年八月、イラク軍が突如クウェートに侵攻、湾岸危機が発生します。米国はペルシャ湾岸への兵力集結をすすめる一方、国連安保理では〝政治的解決〟を主張するソ連、中国を押し切って「武力制裁決議」を成立させます。そして翌九一年一月、米軍を主体とする多国籍軍によってイラクへの空爆を開始したのです。

この間、日本政府は、戦費として総額一三〇億ドル（当時のレートで一兆七千億円）を拠出する一方、自衛隊派兵のための国連平和協力法案を国会に提出します。この法案は、野党の激しい反対にあって廃案となりますが、その背景には自衛隊派兵を拒否する世論の後押しがありました。

しかし、湾岸戦争後の九一年四月、政府は「国際貢献」の旗の下、ペルシャ湾の機雷除去のための掃海部隊六隻を送り出します。自衛隊の最初の海外出動でした。同年九月、国連平和協力法案は新たにＰＫＯ協力法案として国会に再提出され、衆議院での強行採決、参議院での否決といった曲折をへて、翌九二年六月に成立しました。そしてその年九月、自衛隊カンボジア派遣部隊の第一陣が早くも日本から出てゆくのです。以後、翌九三年にはアフリカのモザンビークへ、翌九四年には同じアフリカのルワンダ難民救援のためザイールへと、自衛隊の海外出動が常態化していったのでした。

一方、この間、九三年六月、自民党が分裂、翌七月の総選挙で小沢一郎氏の率いる新進党が躍進、八月には日本新党の細川護熙《もりひろ》氏を首班とする非自民連立政権が誕生します。しかし翌九四年四月、細川内閣は退陣、次の羽田孜《はたつとむ》内閣も短命に終わり、六月、社会党の村山富市《とみいち》委員長が首相となって、自民、社会、さきがけの連立政権が発足します。そして七月、村山委員長は社会党の基本方針の転換を表明、これまで違憲としてきた自衛隊を合憲と認め、日米安保体制の堅持を表明したのでした。わずか二年前、ＰＫＯ協力法案をめぐって国会で激しく攻防が展開された当時とは、状況は明らかに一転しました。

九六年一月、村山内閣の退陣を受けて、自民党の橋本龍太郎氏を首班とする橋本内閣が成立します。この年一〇月の総選挙で新進党は後退、自民党が復調したのに対し、社会党とさきがけは惨敗、翌一一月の第二次橋本内閣では社会党とさきがけは閣外協力にしりぞき、再び自民党単独政権に戻りました。

この間、九六年四月に橋本首相とクリントン米大統領は「日米安保共同宣言」を発表します。いわゆる「安保再定義」で、これにより日米安保条約の対象領域は「極東」から地球大に拡大、日米安保はグローバルな軍事同盟へと変質させられたのです。翌九七年九月、有事法制の研究が本格的に開始された年に定められた「日米防衛協力のための指針（ガイドライン）」が見直され、新ガイドラインがつくられます。英字紙はこれを端的に「戦争《ウォー》マニュアル」と呼びました。米軍の戦闘行動に対し、自衛隊はもとより政府機関、地方自治体、民間の能力を「活用」して協力する、というものです。

この新ガイドラインを国内法により保障するために、九九年五月、周辺事態法が成立します。「周辺事態」なるものが生じて、米軍が戦闘・作戦行動を起こしたとき、自衛隊は補給・輸送・修理・医療などの後方支援と、遭難した米兵の捜索・救助、それに船舶の検査活動（臨検）で米軍に協力する、さらに政府から要請があれば、地方自治体も、また医療や運輸関係の民間人も協力する、という内容でした。

こうして自衛隊と日米安保体制をめぐる状況は、九〇年代を通して一大転換をとげました。もはや有事法制は、手を伸ばせば届きそうなところまで来ているように見えます。

✣9・11同時多発テロ事件と奄美沖「工作船事件」を追い風に

二〇〇二年四月一六日、有事関連三法案が閣議決定されたとき、石川亨・海上幕僚長（当時。現統合幕僚会議議長）はこう感慨を述べています（毎日新聞・02・4・17付）。

「あるべきものがやっと整備される段階に入った。感無量です」

ところが、前年三月、石川氏が海幕長に就任したときは「法制化の言葉自体が出ていなかった」というのです。それだけに「この一年間の進ちょくの速さに、われわれも戸惑っている。激変だと思う」と石川氏は語っています。

たしかに激変でした。しかし、一年前には有事法制の言葉さえ出ていなかったというのは正しくはありません。この年（〇一年）一月、森喜朗首相（当時）は施政方針演説で有事法制を検討する方針を表明、内閣官房に検討チームを設け、法制化に向けての検討を始めていたからです。

しかしこの年の四月、支持率の激減した森首相は降板、代わって自民党総裁選を勝ち抜いた小泉純一郎氏が首相のポストにつきます。ところがその後、小泉首相は総裁戦中に公約した八月一五日の靖国神社参拝と、加えて「新しい歴史教科書をつくる会」の教科書が文部科学省の検定に合格したことをめぐって、国内世論の批判だけでなく中国や韓国からもきびしい批判を受け、その応援に追われます。この間、有事法制どころの状況ではありませんでした。

ところが九月一一日、ニューヨーク、ワシントンで同時多発テロ事件が起こりました。ブッシュ米大統領は「対テロ戦争」を宣言し、アフガニスタン攻撃の準備に入ります。世界はいっぺんにキナ臭い空気におおわれました。次章で改めてみることにしますが、今回のテロ事件は米国の中東・パレスチナに対する長年の政治的関与の結果、引き起こされたものでした。しかしそうした歴史的経緯はどこかにけしとんで、ただ〝テロの恐怖〟だけが世界を駆けめぐったのです。

日本政府も、間をおかず「テロ対策特別措置法」の準備に着手します。そして、米軍のアフガニスタン攻撃開始から三日後の一〇月一一日、衆議院での同法案の審議が始まり、わずか一八日間の国会審議で同法は成立、米英艦船への燃料補給という後方支援のかたちで、自衛隊発足以来はじめての「参戦」が決まったのでした。

このテロ対策特措法が成立したとき、ある自衛隊幹部はこう述懐したといいます（読売新聞、01・10・30付）。

「過去にはできなかったことが、とうとう……。不思議な感じすらしてくる」

まさに、あれよ、あれよという間の事態の進展でした。翌一一月、衆院安全保障委員会で有事法制について質問を受けた安倍晋三・官房副長官は、「一日も早く条文の成案を得るべくやっていかなければならない」と答弁します。小泉内閣が有事法制の法案作成に言及した最初の発言でした。

そうした政府に、さらに追い風が吹きます。一二月二二日、奄美大島の西方海上で起こった北朝鮮の工作船事件です。防衛庁からの情報で海上保安庁の巡視船四隻が「不審船」を追跡、銃撃戦のすえ同船は自爆して沈没、海上保安官三名が負傷しました。

この工作船は、翌年九月、海底から引き揚げられますが、それを調査した結果、海上保安庁は、「総合的に判断して、以前から九州周辺海域を活動区域として、覚せい剤の運搬および受け渡しのために行動していた疑いが濃厚」と結論づけています（『海上保安レポート・2003』）。

しかし当時は、そうした冷静な判断はほとんど表面には出ず、武装ゲリラを乗せた工作船といったイメージが振りまかれました。〝テロの恐怖〟の上に、さらに〝北朝鮮の恐怖〟が重ねられたわけです。

こうして年を越えた〇二年の年頭の記者会見で小泉首相は、まもなく招集される通常国会に「有事法制関連法案を提出する」と言明します。歴代首相の中で初めての発言でした。つづいて二月四日、施政方針演説でこう宣言します。

「テロや武装不審船の問題は、国民の生命に危害を及ぼしうる勢力が存在することを、あらためて明らかにしました。『備えあれば憂いなし』。平素から、日本国憲法のもと、国の独立と主権、国民の安全を確保するため、必要な体制を整えておくことは、国としての責務です。……与党とも緊密に連携しつつ、有事法制への対応に関する法制について、とりまとめを急ぎ、関連法案を今国会に提出します」

法案づくりに際しては、政府・自民党の中で二つの流れがぶつかります。一つは、元防衛庁長官の山崎拓・自民党幹事長を中心とする同党の国防族と防衛庁による主張で、七七年以来の防衛庁の有事法制研究（第一、第二分類）をベースにした自衛隊法改正を先行させるというものです。これに対し内閣官房には、自衛隊関連だけでなく政府機関、地方自治体、さらに民間まで含む包括的な有事法が必要だという主張がありました。「包括法」と仮称されたものです。この二つの主張は結局、自衛隊法改正案と包括法案をセットにして提出するということで落ち着きました。〇二年一月のことです。

防衛庁では防衛局と陸海空各幕僚監部の佐官クラス計一〇人からなる「有事法制検討会議作業部会」を設置し、第一、第二分類の中間報告を法案化する自衛隊法の改正案作成に入りました。一方、包括法案は「武力攻撃事態法案」としてまとめあげられます。そして四月一六日、この二法案に、安全保障会議設置法改正案（中曽根内閣時代に新設された安全保障会議の下に、新たに自衛隊制服組をも含む専門委員会を設置する）を加えた有事法制関連三法案が閣議決定され、翌一七日、国会に提出されたのでした。

✣武力攻撃事態法案はどんな法案だったか

この法案の正式名称は「武力攻撃事態における我が国の平和と独立並びに国及び国民の安全の確保に関する法律案」といいます。この法案の閣議決定を報じた読売新聞には、一面に次のような「おことわり」が出されていました（02・4・17付）。

「（これまで）安全保障基本法案や武力攻撃事態平和安全確保法案（平和安全法案）と表記してきた法案の名称は、十六日の閣議決定を機に、『武力攻撃事態法案』とします」

これは実は政府自身の略称変更によるもので、同紙の別の面のコラムによると、「政府は当初、公明党や一部野党の〝有事アレルギー〟に配慮し、『平和安全』の四文字を強調した」。しかし逆に公明党から『武力攻撃事態』の文言が入らないと、国民は何の法案かわからない」と批判が出て、土壇場で「武力攻撃事態対処法案」に変更したというのです。このエピソードからも、この法案のもつ一種のいかがわしさが臭ってきます。

さて、この法案は次の三章で構成されます。

第一章　総則

第二章　武力攻撃事態への対処のための手続等

第三章　武力攻撃事態への対処に関する法制の整備

総則でまず問題になるのが、「定義」です。第二条にこう書かれています。

「一　武力攻撃　我が国に対する外部からの武力攻撃をいう。

二　武力攻撃事態　武力攻撃（武力攻撃のおそれのある場合を含む）が発生した事態または事態が緊迫し、武力攻撃が予測されるに至った事態をいう」

「武力攻撃のおそれのある場合」と、「予測されるに至った事態」とはどう異なるのか、日本語としてあいまい、混濁した表現です。

また事態発生に際して協力を義務づけられる「指定公共機関」としては、日銀、赤十字、ＮＨＫのほかに「その他の公共的機関及び電気、ガス、輸送、通信その他の公益的事業を営む法人で、政令で定めるものをいう」と定義されていますが、その範囲がどこまで拡大されるかは定かではありません。

次に、第二章の「対処の手続等」では、政府はまず「対処基本方針」を定め、それにもとづいて「対策本部」を設置して事に当たるとなっています。対策本部長には総理大臣が就任しますが、全体を通して総理大臣の権限は絶大です。

たとえば、地方自治体や先ほどの「指定公共団体」が対策本部の指示に従わないときは、内閣総理大臣は自ら、あるいは当該の大臣を指揮して直接執行できるというのです。三年前の周辺事態法では、地方自治体の長に対し「必要な協力を求めることができる」（第九条）とされていたのが、今回はうむをいわせず従わせる、となったのです。

第三章の「法制の整備」は、防衛庁の有事法制研究の第三分類にあたるものです。それがここに入れられたのです。項目としては次のようなものが挙げられていました。

●警報の発令、避難の指示、被災者の救助、消防等に関する措置

●施設及び設備の応急の復旧に関する措置
●保健衛生の確保及び社会秩序の維持に関する措置
●輸送及び通信に関する措置
●(自衛隊関連で)捕虜の取り扱いに関する措置
●(同じく)電波の利用その他通信に関する措置
●(同じく)船舶及び航空機の航行に関する措置

そして、在日米軍が出動したさいにその「行動が円滑かつ効果的に実施されるための措置」、つまり米軍支援のための法整備です。

以上の事柄はすべて、地方自治体も含めさまざまの省庁・機関がからみあうため、防衛庁の研究でも四半世紀をかけながら論点整理すらできませんでした。

このずっと後になりますが、元防衛事務次官で、一九九五年から九七年にかけ、「安保再定義」や「新ガイドライン」の策定にかかわった秋山昌広氏が、こう感懐と要望を述べています。

「日本では……安全保障問題はパッチワーク的に進んできたが、本丸の有事法制がやっと21世紀に入って議論された」

「私は役人生活が長いので、正直言って、省庁間の権限争いから、各省庁をまたがるような包括的な法整備はできないと思ってきた」。しかし今回、「政治のリーダーシップで方向を出した法整備に、官僚機構が抵抗するのであれば、私は糾弾したい。省庁間の権限争いは、今度こそ乗り越えられると思う」（朝日新聞、03・5・16付）。

第三分類の中間報告がついに出なかったわけがこれでわかりますが、じっさいこの問題は、日本がまだ未加入のジュネーブ条約追加議定書との関係などもからんで、そう簡単にかたづくことではありません。結局、国民生活に最も直接に関係のあるこの部分は、ただ項目を並べただけで、その法整備はこの法律の成立後「二年以内を目標として実施する」とされたのでした。いわば本の表紙と目次だけを見せて本を買わせるような詐欺的なやり方といわざるを得ません。法制定の必要性が「備えあれば憂いなし」という程度のものならば、かんじんの部分も含めきちんと法案化した上で国会に提出するのが、民主主義の筋道であるはずだからです。

武力攻撃事態法案には、市民の目から見ても、こうしたあいまいさやいかがわしさがまとわりついていました。

✣低迷、頓挫した政府の国会答弁

予想されたとおり、国会審議では質問が続出しました。「具体像不明、与党も質問——

首相、抽象的答弁に終始」。これは審議が始まってまもない四月二七日の朝日新聞の見出しです。法案の名前にもなった「武力攻撃事態」について、それが具体的にどんな事態をさすのか、相次いで質問を受けた首相は、そのつど「国際情勢や相手国の意図、軍事行動を総合的に勘案して判断する」と繰り返したのでした。

法案のとば口であるこの「武力攻撃事態」は、また最大の論点となりました。五月一六日、政府は改めて統一見解を発表します。「1　武力攻撃事態」「2　事態が緊迫し、武力攻撃が予測されるに至った事態」「3　武力攻撃のおそれがある場合」のそれぞれの定義です。しかし、2の判断根拠として挙げられた「予備役の招集や軍の要員の禁足、非常呼集を行っているとみられること」というのと、3で示された「攻撃のための多数の艦船あるいは航空機を集結させていること」との間にどんな緊迫度の差があるのか、さっぱりわかりません。

「武力攻撃事態」と「周辺事態」との関係、両者がどんな状況下で重なりあうのかもあいまいなままでした。

政府内での答弁に食い違いも出ました。ミサイルによる攻撃があったとき、小泉首相は「第一撃を受けた上でないと対応できない」と答えたのに対し、福田官房長官は「ミサイルが着弾したときでなく、着手があった段階で武力攻撃とみなす」と答弁したのです。

国民生活に直接かかわる、政府のいう「国民保護法制」と、米国から強く求められている「米軍支援法制」が項目だけですまされていることも、当然、批判を浴びました。かんじんの部分を伏せておいて、法案の審議がなりたつはずもないのです。

こうした状況を、毎日新聞はこんな見出しで批判的に報じました（02・5・22付）。「有事法制審議大詰め――『欠陥』露呈次々と――政府、全容示せず、2法制欠き批判集中」

こんな状況であったにもかかわらず、衆院有事法制特別委員会（委員長は自民党の瓦力《かわらつとむ》・元防衛庁長官）は五月二一日、与党三党だけで委員会を開き、有事三法案について委員会採決の前提になる公聴会を三日後の二四日から二八日にかけて行うことを決めます。

公聴会開催の日程は、全会一致で決めるのが国会の慣例です。さすがにこの暴挙に対しては与党からも批判が出て、公聴会日程は白紙撤回となりました。

こうして国会の審議は迷走をつづけました。全体として論議が低調だったのは、大前提となる現状認識の問題が置きざりにされていたからです。いまなぜ有事法制か、という問題です。

四半世紀前、防衛庁が有事法制研究を始めた当時、防衛庁官房長だった竹岡勝美氏は、インタビューにこたえ、次のように述べています（沖縄タイムス、02・4・18付）。

「有事法制の研究自体は必要。私自身も防衛庁時代に『いざという時に戦車は赤信号を通れないのか』と制服組に言われ、研究に携わった。当時はソ連軍の一部侵攻という有事の想定があったが、現在の日本に近隣国など他国が攻めてくる心配は全くない。むしろ、立法化するのは近隣諸国の敵がい心をあおるだけだ」

「有事を考えるときに妄想では困る。国民に分かりやすくと言っている首相は、一体どこの国がどのように攻めてくると想定しているか、説明できるのか」

「安易な有事シナリオは近隣国に非礼だ。いま考えられる唯一の有事は、米中、米朝間の武力衝突に日本が巻き込まれる事態だが、それを回避するよう朝鮮半島和平などで貢献することが、日本のとるべき道ではないか」

「不審船やテロ事件と有事を混同するからおかしくなる。不審船は警察力などで十分対応できるし、万一、十人、二十人のテロリストが日本に潜入しても、それは有事とは違う問題だ」

こうした基本的な問題こそ、国民が最も聞きたかったはずです。しかし政府首脳から、これらの問題についての真摯な見解を聞くことはついにありませんでした。聞かされたのは、「備えあれば憂いなし」という××の一つ覚えです。国会での論議が空疎な言葉あそびめいたやりとりで空回りしたのも、その意味では当然でした。

さらにそうした中、五月二八日、毎日新聞が、防衛庁内で行われていた恐るべき事実をスクープします。海上幕僚監部が、防衛庁に対し情報公開を請求した市民の身許を調べ、それをいわばブラックリストとして庁内のコンピューターネットワーク（LAN）に掲示していたというのです。

この問題をめぐっての防衛庁の事実説明も二転三転し、防衛庁・自衛隊の〝隠蔽体質〟を色濃く印象づけます。

加えて、防衛庁がまとめたこの問題の調査報告について、山崎拓・自民党幹事長ら与党三党の幹事長が全文公表を見合わせるよう圧力をかけたことが暴露されます。これは結局、野党の追及で全文が公表されるのですが、この国の官僚や政治指導者の非民主的体質を改めて見せつけた事件でした。

この個人情報リスト問題は、伊藤防衛庁事務次官以下二九名の処分（減給、戒告、訓戒、注意、口頭注意）で幕を閉じますが、これによりこの通常国会での有事法成立のもくろみはとどめを刺された形となりました。

✣「拉致」問題と熱病的な北朝鮮バッシング

有事法案が継続審議となって通常国会が終わった後、政府は次の秋の臨時国会へ向け、新たな体制づくりに入ります。そのため、古川官房副長官を中心に、関係省庁の課長クラスで構成する五つの作業チームを編成し、検討をすすめることを決めました。

- 国民の保護（ほぼ全省庁）
- 自衛隊の行動の円滑化（防衛、総務など）
- 米軍の行動の円滑化（防衛、外務など）
- 捕虜の取り扱い（防衛、外務、法務など）
- 非人道的行為の処罰（防衛、外務、法務など）

考えてみれば、おかしな話です。こんなことは事前に法案化の段階で行われておくべきことだからです。法案が、「テロと不審船」を千載一遇のチャンスと見て、いかに拙速で作られたかが、このことからもわかります。これより先、防衛庁の個人情報リスト問題で紛糾がつづいていた六月一二日、有事三法案について全国知事の意見交換会が首相官邸で開かれました。知事二六人を含め全都道府県の代表が出席しましたが、当然のことながら「国民保護法制」「米軍支援法制」の先送り、「知事権限の明確化」などについての意見があいつぎました。

この日、全国知事会は小泉首相に対し、緊急提言を行います。「国民的な合意が得られるよう、国会での議論を十分尽くす」「武力攻撃事態の概念を明確にし、国と地方自治体の役割分担を明らかにする」というものでした。

こうしたこともあって、この後の有事法案の焦点は「国民保護法制」にしぼられていきます。政府は、一〇月一八日に召集する臨時国会にその「輪郭」を提示することを決めました。しかし、この臨時国会での有事法成立は、すでに招集前から断念していました。会期が二カ月と短い上に、民主党との修正協議の見通しが立たないというのがその直接の理由でしたが、背景には政府・与党の〝有事熱〟も冷めていたという事情がありました。

ところがここで、思いがけない事態が発生します。

九月一七日、小泉首相は突然、平壌《ピョンヤン》に飛んで金正日《キムジョンイル》・朝鮮労働党総書記と会談、「日朝共同宣言」を発表し、日朝国交正常化交渉の再開で合意しました。第二次大戦後、未解決のまま残されていた最大の課題がこれで解決されると考え、ほとんどの国民がそれを喜び、支持しました。

ところが、日本人「拉致」の事実が、金総書記自身によって認められ、「八人死亡、五人生存」の事実が知らされると、状況は一転します。とくに被害者五人が帰国した後、北朝鮮に対する批判・非難の大合唱が、マスコミを通じてえんえんと繰り広げられることになりました。とくにその舞台となったのは、テレビのワイドショーと週刊誌でした。当時の週刊誌の見出しを並べてみます。

▼痛恨首脳会談／笑顔の金正日に騙されるな／ここに犠牲者の「想い」、「拉致」のすべ

てが綴られている——有本恵子さんからの手紙……（『週刊文春』9・26号）
▼歴史に遺る大愚行か／「小泉・金正日」会談／私はこう見た／新聞は絶対書けない「日朝会談」胡散臭い舞台裏……（『週刊新潮』9・26号）
▼痛恨会談のA級戦犯たち／早くもコメ援助疑惑浮上！小泉首相が拉致家族より大物コメ業者との面会優先！……（『週刊文春』10・3号）
▼「拉致被害者」生死の運命を分けたもの／拉致家族を恨みの底に沈めた社民党の「売国的言行録」……（『週刊新潮』10・3号）
▼小泉訪朝の功罪／「拉致地獄」空白の25年・全家族の憤怒を徹底取材……（『週刊朝日』10・4号）
▼ふざけるな小泉！「人殺し国家」にカネを払うのか／横田めぐみさん、有本恵子さん「生存情報」の卑劣謀略……（『週刊ポスト』10・4号）
▼怒りの大特集／ふざけるな北朝鮮／拉致されている日本人はまだ60人いる／人殺し「金王朝の秘部」徹底的に暴く！……（『週刊現代』10・5号）
▼金正日の犯罪告白でなぜ「国交交渉」だ！／小泉首相よ、犯罪国家に膝を屈した売国奴になるのか……（『SAPIO』10・9号）
週刊誌の発行部数は、多いといっても数十万部です。しかしその全5段広告が新聞に掲

載されることで、先にあげたような挑発的で扇情的な文字が、数千万の人の目にふれることになるのです。それが、他の言説とあいまって、日本国民の北朝鮮観に影響を及ぼさなかったとはいえません。「危険な国」「何をやらすかわからない国」、つまり米国のいう「ならず者国家」北朝鮮のイメージは、この時期いっきょに拡大されました。それがまた〝北朝鮮の脅威〟を強め、有事法案の追い風となったのでした。

しかし一方、この年一二月末の段階で、有事法案に対し「反対」ないし「慎重審議」を求める意見書を採択した地方議会が、長野、静岡、愛知、三重、山口、沖縄の六県議会を含め六〇七に達していました。とくに沖縄県と長野県では、九〇％前後の市町村議会が意見書を採択していました。有事法制に対する警戒心はまだ強かったのです。

✣一週間で合意に達した修正協議

年が明けた〇三年一月一〇日、北朝鮮政府は突如、ＮＰＴ（核不拡散条約）から脱退し、ＩＡＥＡ（国際原子力機関）の核査察協定の拘束からも抜け出すことを宣言する声明を発表しました。北朝鮮特有の「瀬戸際《ぎわ》政策」の一つでしたが、拉致問題で広がった北朝鮮に対する不信と蔑視は、これでまた悪化しました。

一方、国連安保理では、イラク攻撃に向かって突進する米国と、フランス、ロシア、ドイツ、中国などとの亀裂が深まりました。安保理の多数意見が国連による査察の継続を求めたのに対し、ブッシュ大統領は「ゲーム《ゲーム・イズ・オーバー》は終わった」と言い放ち、単独武力行使の意図をむき出しにします。

当の米国を含め、イラク戦争反対の声が世界中に広がりました。二月一五日には、ニューヨーク、ロンドン、ベルリン、パリ、東京など世界各国の都市でイラク反戦のデモや集会が行われました。英国メディアによると、六〇カ国、四百都市で一千万人が参加したといいます。戦争が始まる前に、それに反対する民衆の行動がこれほどの広がりと高まりを見せたのは、史上空前のことでした。

それでもブッシュ政権は、英国のブレア政権と組んで、イラク攻撃へと突き進みます。三月二〇日未明、米軍はついにバクダッドへ向けて巡航ミサイル・トマホークを発射、イラク攻撃を開始しました。以後、世界中の目がイラクにそそがれます。

こうしたなか、有事法案については表だった動きもないまま三カ月が過ぎました。通常国会で法案の審議が始まったのは、四月も中旬に入ってからです。「イラク戦争や北朝鮮問題を追い風に」与党三党の幹事長・国対委員長会談は「四月中に衆院通過を」と確認します（朝日）。

一方、四月一四日、民主党も「緊急事態法制プロジェクトチーム」を編成、その会合の冒頭あいさつで、前年暮れに同党代表に復帰した菅直人氏は「政権担当能力を問われる重要な作業だ。大いに議論し、必ずまとめあげるよう協力願いたい」とハッパをかけます。以後、有事法案をめぐる与党と民主党の動きがにわかに活発になりました。二二日、民主党のプロジェクトチームは全議員の参加を求めた会議を開き、対案の柱となる「緊急事態対処基本法案」と、政府・与党の武力攻撃事態法案への修正案について基本的な了承を得ます。

民主党の「緊急事態対処法」というのは、次のようなものでした。

第1章（総則）

ここにいう「緊急事態」には、武力攻撃のほか、テロリストによる大規模な攻撃、自然災害等も含める。

第2章（基本原則）

一、緊急事態でも、基本的人権は保障されなければならない（とくに、差別の禁止、思想・良心の自由、報道・表現の自由の保障、国民の協力は自発的意思に委ねる、正当な補償、不服申し立て・行政訴訟への特別の考慮の六項に対して）。

一、緊急事態に実施される重要事項は、原則としてあらかじめ国会の承認を得なければならない。

第3章（国民の保護）
　国民の保護に関する中枢の機関として、危機管理庁を新設する。
第4章（未然の防止）
　テロリストによる攻撃、不審船の出現等の不測の事態にそなえ、出入国管理体制を強化、警察と自衛隊の連携を確保する。
また、政府の武力攻撃事態法案に対する修正案は次のようなものでした。
一、指定公共機関から民間放送事業を除く。
一、武力攻撃事態等及び対処状況に関して「情報が適時・適切な方法で国民に明らかにされなければならない」を追加。
一、武力攻撃事態や予測事態の認定に際しては、あわせてそれと認定する「判断の根拠」を加える。
一、国会が対処措置を終了させる議決をしたとき、対処基本方針を廃止する。
一、法律の施行日を「別に法律で定める日」とする。
　ご覧のように、「対案」とはいっても、政府・与党の武力攻撃事態法案と基本的に対立する内容ではありません。形の上では「緊急事態対処法」という新たな法律を立てるように見えますが、内容的には政府案に取り込めるものです。また自衛隊法改正案は、民主党案では完全にタナ上げされていました。政府・与党にとって、民主党との修正協議の成立は、この時点でしっかりと射程内に入っていたはずです。

このあと連休明けの五月六日、民主党は衆院有事法制特別委員会で独自案の提案理由説明を行い、以後、与党との修正協議に入ります。修正協議は、自民、民主それぞれの特別委員会筆頭理事によってすすめられました。自民党は元防衛庁長官で同党政調会長代理の久間章生《きゅうまふみお》氏、民主党は同党「次の内閣」安保相の前原誠司氏です。重要法案の修正問題が、このように一対一の実務者協議に委ねられたのは、全く異例のことでした。

この修正協議について、五月八日付の朝日新聞の見出しは「『有事』修正、先見えず」「『制約』多い実務者協議」となっています。しかし協議は、五日後の一三日、山崎拓・自民党幹事長と岡田克也・民主党幹事長との会談で最終調整が行われ、双方の合意に達したのでした。

この間の内幕を、五月一四日の朝日新聞は「時時刻刻」の欄でこう伝えています。

〈6日夕、衆院第1議員会館地下1階の有事法制特別委員長室。自民党の久間章生、民主党の前原誠司両筆頭理事2人だけの第1回修正協議が続いていた。前原氏は途中こうささやいた。

「内々に頂いている非公式ペーパーは、別途検討させて頂きます」

久間氏は民主党案の問題点を列挙したペーパーを渡していたが、実はもうひとつ別のペーパーがあった。緊急事態対処基本法は制定に前向きな合意を交わす、など数々の落としどころが並んでいた。13日朝の会談で久間氏が前原氏に伝えた大幅な譲歩案は、1週間前から周到に2人の間で準備されていた。

2人にとってこの1週間は、公明、保守新両党や民主党の旧社会党系議員など、双方の火種が弱まるのを待つ時間だった。12日、久間氏は「前原氏とは最初から同じだよ、2人で民主党が乗りやすい段取りを考え、絵を描いてきた」と漏らした。〉

〈最後の焦点は基本法の扱い。実は久間氏ら自民党国防族も制定を求めていた。修正協議のさなか、前原氏が「基本法をつくる担保を取りたい」と声高に唱えたのも、久間氏らの「本音」を知っていればこそだった。〉

✣政府案に取り込まれた民主党「対案」

自民・民主の協議によって修正されたのは、次のような点です。

まず民主党が主張していた「基本的人権の尊重」の問題。

第三条の四項に、次の条文が付け加えられました。

「……この場合において、日本国憲法第十四条、第十八条、第十九条、第二十一条その他の基本的人権に関する規定は、最大限に尊重されなければならない」

しかしこの第四項には、もともと次のように書かれていたのです。

「武力攻撃事態等への対処においては、日本国憲法の保障する国民の自由と権利が尊重されなければならず、これに制限が加えられる場合にあっても、その制限は……必要最小限のものに限られ、かつ、公正かつ適正な手続きの下に行われなければならない」

このあとに、先の条文が付け加えられたのです。つまり、同じことを繰り返しているのです。文字どおり、屋上に屋を架す「修正」です。それに、国民の基本的人権は最高法規である憲法で保障されているのであり、それを下位法でいちいち尊重しなければならないと口出しする必要はないのです。

次に、国会の関与についての修正は、まず「武力攻撃事態」の認定について、「認定の前提となった事実」についても明らかにすることとされ、また政府原案では対処措置を終了できるのは首相だけだったのを、国会にもその権限を認めることにした、その二点だけです。

「指定公共機関」から民放を除くという要求は、付帯決議に、指定に当たって「報道・表現の自由を侵さない」と明記することにし、「国民保護法制」についてもその法整備が原案で「二年以内」とあったのを、付帯決議に「一年以内」と明記することで決着しました。

問題の民主党提案「緊急事態対処法」はどうなったでしょうか。それは、法案の第四章「補則」に次のように盛り込まれました。

「第二五条　政府は……武力攻撃事態等以外の国及び国民の安全に重大な影響を及ぼす緊急事態に迅速かつ的確に対処するものとする。

2　政府は、前項の目的を達成するため、武装した不審船の出現、大規模なテロリズムの発生等の我が国を取り巻く諸情勢の変化を踏まえ、次に掲げる措置その他の必要な施策を速やかに講ずるものとする。

一、情報の集約並びに事態の分析及び評価を行うための態勢の充実（二は略）

三、警察、海上保安庁等と自衛隊の連携の強化」

そして民主党が、米国の連邦緊急事態管理庁（ＦＥＭＡ）を想定して提唱した「危機管理庁」についても、「付則」の最後にこう付け加えられたのでした。

「2　政府は、国及び国民の安全に重大な影響を及ぼす緊急事態へのより迅速かつ的確な対処に資する組織の在り方について検討を行うものとする」

こうして民主党の「対案」は、さしたる問題もなく政府案の中に取り込まれたのです。いや、それだけでなく、「不審船」や「大規模なテロリズム」について言及し、それに対

郵　便　は　が　き

料金受取人払

神田局承認

2176

差出有効期間
2006年３月
10日まで
〈切手不要〉

１０１-８７９１

００４

東京都千代田区
猿楽町２－１－８

高　文　研　行

【購入申込み書】この葉書を当社刊行の本の注文にご利用ください。書ききれないときは、裏面に書いてください（３冊以上注文可能。）宅急便で、至急お届けします。お客様のお届け先（お名前、ご住所、電話番号）を必ず記入してください。（代金は到着時に送料210円を加算した額をお支払いください。）離島等、一部の地域で配達できない場合があります。

（書名）　（　　）冊

（書名）　（　　）冊

（書名）　（　　）冊

【お届け先】
ご氏名　☎

ご住所

『　　　　　　　　　　　　　　　　』＝読者カード

＊恐れ入りますが、上記空欄部分に、お買いあげいただいた書名をお書き込みください。

お名前				
ご住所	〒			
ご職業など	学生	教師（小・中・高・大・その他）	会社員	その他（　　　）

◉本書をどのようにしてお求めになりましたか？

（○はいくつ付けてもかまいません）

イ　書店の店頭で見て
ロ　知人・友人にすすめられて
ハ　ホームページを見て
ニ　『ジュ・パンス』の広告を見て
ホ　職場の同僚にすすめられて
ヘ　新聞・雑誌の広告・記事を見て
＊その紙・誌名
（　　　　　　　　　）

お買いあげいただいた書店名			
県	区市町村		書店

◉本書のご感想・ご意見

★ご要望があれば、高校生と高校の先生向けの雑誌『ジュ・パンス』の見本誌をお送りしますが——（○印を）

・見本誌を送ってほしい

応するための「緊急事態対処法」を提案するなど、政府・自民党にとっても望ましい方向で、有事法案をより「豊かに」したといえるかも知れません。

✣小泉首相「今日は記念日だ」

五月一三日、自民党・民主党の両幹事長により最終合意に達した後、同日午後七時過ぎから二〇分間、小泉首相と菅代表が会談し、有事法案の修正協議は最終決着しました。この日、実質的に「有事三法」が成立したのです。

両党首は互いに「画期的」と自賛しあったとして、毎日新聞は二人の声をこう伝えています（03・5・14付）。

小泉首相「（有事法案は）長年タブー視されてきた問題にもかかわらず、与野党で合意できたことは画期的だ」

菅氏「与党と野党第一党が外交・防衛問題で考え方を共有できたのは、大変望ましい。私たちも画期的と考えている」

そしてこの後、小泉首相は東京都内の料理店で自民党幹部らと会食しましたが、そこで首相は上機嫌にこう語ったといいます（読売新聞、5・14付）。

「有事法案で民主党が賛成してくれることになった。かつては安保問題で国論を二分していたことを考えれば、隔世の感がある。今日は記念日だ」

防衛庁・自衛隊の発足以来の〝悲願〟が達成したのですから、それを願ってきた人たちにとってはたしかに「記念日」だったでしょう。さらに、首相のこの発言の背後には次のような個人的事情もあるようだ、と先の読売新聞は伝えていました。

〈首相の熱意の背景に、一九六〇年、衆院外務委員長として日米安全保障条約改定に取り組んだ父、純也氏の影響を見る向きもある。首相は十三日、「私の父は『安保男』と言われ、(国会周囲のデモで)騒然とした中で(安保)改定を行った」と語った。〉

いわゆる六〇年安保闘争で、日本の民衆運動が第二次大戦後としては空前絶後の高まりを見せたときの話です。国会が連日、デモの大波に包囲される中で、政府・自民党は以後の日米軍事同盟路線を「主体的に」選び取る安保改定を強行したのでした。ちなみに、この時の岸信介首相が安倍晋三・自民党幹事長の祖父になります。

✣成立へ叱咤・督励しつづけた読売新聞社説

一三日の自民・民主の修正協議決着を受けて、翌一四日、のちに民主党と合体する自由党も、小沢一郎党首ら幹部が民主党修正案への賛成を決めます。そして同日午後、衆院有事法制特別委員会で有事三法案を修正のうえ可決、つづいて翌一五日の衆院本会議で共産党、社民党を除く九割の議員の賛成によって可決されたのでした。

では、これまで二度にわたって継続審議となり、膠着状態にあったかに見えながら、とくに最後の一週間で修正協議―合意へとなだれ込んでいった急転回の背後で、マスメディアはどんな役割を果たしたのでしょうか。ここではとくに、読売新聞と朝日新聞の場合を見ることにします。

まず読売です。一九九〇年八月二日、イラク軍のクウェート侵攻による「湾岸危機」が生じてまもなく、読売は社説『『憲法の制約』の見直しを求める」で自衛隊の派遣を前提として国際的な「共同行動には、積極参加をためらうべきではない」と主張（90・8・29付）、翌年一月の湾岸戦争勃発後には社内に「憲法問題調査会」を設置しました。

この調査会は九四年一一月三日に「憲法改正試案」を発表します。そこでは「自衛のための組織をもつことができる」と明記しました。その後、二〇〇〇年五月三日に「第二次試案」を発表しますが、そこでは「組織」という腰のひけた表現はやめ、「自衛のための軍隊を持つことができる」と改めました。

そういう読売ですから、有事法案の提出はもちろん大歓迎です。政府や与野党に対し、終始、叱咤・督励の役をつとめることになります。〇二年四月一六日、政府の有事法案が閣議決定されたときの社説は「これを足場に幅広い備え急げ」とハッパをかけます（02・

4・17付)。

「政府が武力攻撃事態法案など有事関連三法案を決定した。

日本の平和と独立、および国民の安全を守るうえで、不可欠な法整備である。

政府と各政党は、これを出発点として国の基本である緊急事態への対処体制の構築を急がなければならない。掘り下げた議論を期待したい。

その際、忘れてならないのは、日本を取り巻く国際情勢の変化を踏まえて、実効ある危機管理の法制を整備するという視点である。

今回の法案はその点で不十分だ。有事の対象を、外部から武力攻撃を受けた事態と、武力攻撃が予測される事態に限定しているからだ。

小泉首相が検討する意向を表明したテロや不審船などへの対処は、法制化の方針は盛り込んでいるものの、時期も明示しないまま、先送りされた。

冷戦後の日本にとって、より現実的な脅威は武装工作船の領海侵犯や大規模テロ攻撃などだ。これらの危機に対処できないのでは、国民の理解は得にくい」

「政府が有事法制の研究を開始してからすでに四半世紀になる。今こそ政治の怠慢に終止符を打ち、国の安全保障の在り方を真剣に論じ合ってほしい」

社説の前半と末尾の部分を引用しましたが、興味深いのはこれが、先に見た民主党修正案の「緊急事態対処法」提案の考え方とぴったり重なることです。

次は、同年一一月一二日付の社説です。「野党が責任ある対応を示す番だ」として、とくに民主党を叱咤します。

「無責任な先送りは、もう許されない。

通常国会から継続審議となっている有事関連法案について与党が修正案を提示した。

政府も、国民保護法制の概要を明らかにした」

「与党の修正案提示を受け、今度は野党が、責任ある対応を示す番である。

とくに民主党だ。選挙公約に緊急事態法制の整備を掲げながら、党内の意見の隔たりが大きいことから、亀裂拡大を恐れて、これまで、与党の修正協議の呼びかけを拒否してきた。

今後も党内の意見集約ができず、無責任な対応を繰り返すのであれば、政権をめざす資格はないと言わざるを得ない。鳩山代表が指導力を発揮する場面だ」

「与党も、臨時国会の会期半ば近くになって、やっと修正案を提示するというのでは、あまりに遅すぎる。……与党は、野党以上に重い責任であることを自覚すべきである」

まるで小学生たちが、こわい先生に頭ごなしに叱りつけられている格好です。

最後の引用は、自民・民主の修正合意が成立した後、〇三年五月一四日の社説です。今回は、こわい先生も、よしよしと頭をなでてくれます。

「法治国家に不可欠な法制が、ようやく実現しそうである。有事関連法案をめぐる与党と民主党の修正協議がまとまった。

安全保障の基本に関する政府の重要法案に、野党第一党が賛成するのは初めてのことだ。国の安全と国民の生命、財産を守るための法案は、党利党略の具にすることなく、与野党の垣根を超え、より多くの政党の合意で成立させるのが望ましい。今回の合意は、与野党が建設的に協議に臨んだ成果といえる」

「旧社会党や共産党、一部マスコミなどは『戦争準備の法律だ』『人権が制限される』などとして反対し続けた。歴代自民党政権も、政治的摩擦の回避を優先し、日程に乗せようとしなかった。

反対論の誤りは明白である。有事法制がなければ自衛隊は超法規的に行動するしかなく、人権侵害の恐れがむしろ強まる。それでは法治国家ではない。

反対論の根底には、自衛隊の手足を縛りさえすれば平和を維持できる、と信じているかのような単純な思考がある。

有事法制の整備と同時に、いま必要なのは、そうした〝平和ボケ〟の発想から政治が一刻も早く脱却することだ」

〝平和ボケ〟から一刻も早く脱却して、憲法改正に取り組め、とこの社説は言外に呼びかけているのでしょう。このように読売新聞は、有事法案については一貫して叱咤・督励をつづけました。

ところで、右の読売社説で非難された「一部マスコミ」には、明らかに朝日新聞が含まれていたはずです。というのは、とくに読売の「憲法改正試案」の発表の前後から安保問題をめぐって、朝日と読売の対立は鮮明になっていたからです。

では、朝日新聞の社説は、この有事法案をどう見てきたのでしょうか。

✣問題点を的確に指摘しつづけた朝日新聞社説

朝日新聞の社説は、有事法案が提出される前から、「憲法の根幹にかかわりかねない」この法案に対してはきわめて慎重でした。〇二年三月二八日の社説「じっくり、冷静に」は次のように述べています。

「今国会でいわゆる有事法制の整備に手をつけようという政府の作業が大詰めを迎えている」

「有事法制は77年に福田内閣のもとで防衛庁が研究を始めた。このうち自衛隊の行動については……80年代に一応の問題点の整理を終えている。

それでも歴代内閣は研究にとどめ、法整備にまでは進もうとしなかった。日本の憲法は戒厳令のような緊急時の国権発動を想定していない。戦前、国家総動員法などによって国民が国家の戦争に有無を言わさずに協力させられたことへの痛切な反省からだ」

「一方で、万一の時に国民の生命、財産を守るのが国家の務めである以上、それに備えた行動指針を平時に作っておくべきだとの考えがある」

「冷戦が終わって10年余り、いま新たな国際情勢のもと、法整備についても冷静に検討すべき環境が整ってきたといえよう。

だが、だとすればなお、新たな状況に即した周到な議論が欠かせない」

「有事とは何か。肝心の議論がぼやけたまま『有事に備えよ』の掛け声が先行してはいないか。この機に乗じて過剰なことまで盛り込もうとはしていないか。

何が本当に不足し、何が本当に必要なのか。これだけ大きな問題だ。拙速に走らず、時間をかけてじっくり検討したい」

この社説が出てから二〇日後の四月一七日、閣議決定された有事三法案が国会に提出されます。全容を見せた法案に対し、朝日社説は疑問と不安を呈します。同日付の社説のタイトルは「これではあいまい過ぎる」。

「武力攻撃事態法案をはじめとする有事法制の関連3法案が閣議決定され、いよいよ国会に提出される」

「万一に備える法の整備は基本的には必要だろう。だが、基本的人権を広く制限するだけに、国民に不安が根強いのも当然だ。それを押してでもいま必要な法案なのか、その中身には大きな疑問がある」

「まず、法が想定する『武力攻撃事態』とはどんな場合か。法案では日本が直接の攻撃を受けた場合だけでなく『武力攻撃が予想されるに至った事態』も含むとする。だが、その基準は明らかではない」

「定義があいまいな中で、自衛隊は従来より前倒しで動けるようになる。自衛隊法改正案では、防衛出動が『予測される場合』でも、民間の土地を使って陣地構築などができる、とされた」

「首相は地方自治体に必要な措置を指示し、従わなければそれを代行できる。国民は『必要な協力をするよう努めることとする』とされ、政府への協力が義務に近くなる。ここでも『必要な協力』の範囲はあいまいで、政府の裁量次第になりかねない。

自衛隊を行動しやすくし、国の権限を強める一方で、国民の生命や財産を保護する法整備は後回しにされた。2年以内をめどに立法するというが、全体像が見えないままの先行には不安が残る」

「いまの国際情勢のなかで何が本当の脅威なのか、この法案をどう位置づけるのか。不信を買うばかりの国会だが、ここは本来の役割を果たし、国民が納得いくまで丁寧な議論をすべきである」

ところが「丁寧な議論」どころか、ろくな審議もしないうちに衆院特別委員会で与党三党は公聴会の開催日程を単独採決してしまいます。当然、朝日社説はこれをきびしくたしなめます。五月二二日付社説「なぜそんなに急ぐのか」です。

「こんな無体なことが許されると思っているのだろうか。

与党3党は、有事法制関連3法案を審議している衆院特別委員会で、野党欠席のまま、公聴会日程を単独採決した。公聴会を開いておけば、法案の採決が可能になる」

「有事法制は国民の間に不安が強く、様々な意見がある。有事の備えは必要としても、その内容には十分な審議を尽くすことが不可欠だと私たちは主張してきた。きちんとした議論を飛ばして成立を急ぐ姿勢は、到底認められない」

「これまでの質疑でも、『武力攻撃事態』の審議はあいまいなままである。

先送りされた国民の生命や権利を守るための法整備に至っては、『これから検討』というばかりだ」

「もともとは小泉内閣の当初の高支持率を好機として、準備不足のまま出てきた法案だ。中身は冷戦時に想定された大規模軍事侵攻が前提になっていることはかねて指摘してきた通りである。

しゃにむに通そうとすればするほど、内容のあいまいさと欠陥ぶりが浮き上がる。野党は法案の賛否にかかわらず、こうした横暴を許してはならない。

このままでは将来に禍根を残す」

問題点を的確に指摘し、与党の暴走をきびしく指摘した社説です。

この後、先に述べた防衛庁内での情報開示請求者に対するブラックリスト問題などがあって有事法案の審議は進展しないまま通常国会は閉会を迎えます。そのときの社説「拙速を繰り返すな」（7・29付）も再度、法案成立を急ぐ政府・与党にクギをさしました。

「有事法制関連3法案は、国会で継続審議になることになった。／政府・与党は、いまの法案のまま秋の臨時国会で改めて審議したいようだ」

「少し腰を落として考えたらどうだろうか。本来、廃案にして出直すべきである。そうした方がよいという意見は、政府や自民党の中にさえあった。

このままでは、審議を続けたところで再び暗礁に乗り上げかねない」

「いまの法案には大きな欠陥がある。それが国会でも浮き彫りになった。

そもそも冷戦時代に想定した大規模軍事侵攻を前提にしているため、ピンとはずれの感がある。自衛隊の行動から制約を取り払うことばかり優先し、肝心の国民保護の措置は後回しにされている。関連する米軍支援の法制も明らかでない。

これでは賛否の判断を下すどころか、議論さえ深まりようがない。基本的には法整備に賛成だという民主党が『廃案』を求めたのも無理はない」

「先送りした法案をそろえるのに、秋の臨時国会ではとても間に合うまい。いずれにせよ、審議を再開したいなら、改めて法案の全体を明らかにする必要がある。

国民をどう保護するのか。そのために自衛隊はどう動くのか。この二つはどうしてもセットでなければならない。米軍支援のあり方を含め、政府が法案を示すことが大前提である。この先さらに拙速を重ねてはならない」

社説はここで、この有事法案は「本来、廃案にして出直すべき」といっています。そしてこの三カ月半後、臨時国会開会中の一一月一二日の社説はさらにきびしく「やっぱり廃案、出直しを」と求めます。

「武力攻撃事態法案など有事関連3法案の審議が、衆院で再開された」

「先の通常国会に提出されたが……結局、継続審議とされた。

冷戦時代の古めかしい戦争観を前提に組み立てられていることをはじめ、法案には余りにも問題が多かった。国民の権利を制約する法制であるのに、国民的な合意を得られるような内容ではなかった。

それにもかかわらず、今国会で法案にわずかな修正を施し、来年の通常国会で成立させるというのが与党の本音だ。

きわめて遺憾である。

そもそも、法案の欠陥は手直し程度の修正では繕いようがない」

「有事への最小限の備えは必要である。しかし、一つ間違えば国民の自由や基本的権利を侵しかねない法制度だ。政府からも与野党からも、そうした重大な課題を扱っているという真剣さが伝わってこない」

「いまの法案はいったん廃案とし、リアルな国際認識と国民本位の立場から出直すよう求めたい」

論旨はきわめて明快です。有事法案を見る視点も一貫しています。いささかのブレもありません。

このあと五カ月半、朝日社説は有事法案については沈黙します。

ところが、年をこえ四月二四日、民主党が「対案」を決めた後、突如、朝日社説の主張は一転するのです。

✣朝日社説の突然の「転向」

四月二七日の社説です。表題は「民主党案は土台になる」。これまでもたしかに「有事への最小限度の備えは必要である」と述べてはいました。しかし、いまそれを急がなければならないとは言っていませんでした。だからこそ「じっくり、冷静に」（02・3・28）、「なぜそんなに急ぐのか」（02・5・22）、「拙速を繰り返すな」（02・7・29）と説いてきたのです。ところがここへ来て、朝日社説は突如、「大地震のような自然災害」まで持ち出して、有事法の早期制定をうながすのです。

「有事法制に関連する法案の国会審議が新たな局面を迎えた。与党が修正案を出し、民主党は対案を提出する。万一に備える法律がなく、いざというとき超法規的な措置で対処せざるをえない状態を放っておくことは好ましくない。国民の十分な納得を得て、必要最小限の法整備をしておく必要はある。安全保障をめぐる国民の不安は深まっている。大規模なテロが実際に起きた。北朝鮮の核開発や日本を射程に収めるミサイルに、多くの人が恐れを感じている。冷戦時代とは異なり、そうした『新しい脅威』を現実味をもって感じざるをえなくなっている。大地震のような自然災害も、いつ襲ってくるかわからない」

五カ月半前は、政府案は「リアルな国際認識」を欠いていると批判していた社説が、ここでは政府・与党と同じことを言っているのです。現状認識が明らかに変わったのです。そしてこの転換した認識に立って、社説は次のように説きます。

「昨年来、継続審議となっている政府案は、旧ソ連の大規模な侵攻という事態を想定して作られている。いかにも時代遅れの『有事』である。併せて必要な国民保護法制も欠いている。

与党修正案は、政府案に対する世論の批判に応えて、大規模テロや武装不審船にも取り組む内容となったが、基本的には政府案の微調整にとどまっている。一方、民主党案は検討に値する。テロや災害を含む『緊急事態』が起きた場合に備えて、国民の保護にあたる政府の中枢として危機管理庁を設ける。思想や良心の自由は『絶対的に保障』されるとし、『表現の自由の不可侵』も規定した。国民の自由や権利がどこまで制限されるのかあいまいな政府、与党案に比べて、基本的人権の保障が明記されている。

国会の関与も政府案より大きい。重要な決定は国会の事前承認が原則とされ、国会の要請に応じた情報の提供を政府に義務づけてもいる。

現実的な脅威への対処を重視し、有事にあっても国民の権利を最大限に確保しようとしている姿勢は支持できる」

「民主主義の原点に立った、慎重かつ実態に即した論議を望みたい。民主党の考え方は、その土台になる」

民主党の対案について、それがどれほどのものであったかは先に見たとおりです（八九ページ以下）。ここで強調されている基本的人権の保障の内実も、政府案とあわせ条文に即して検討しました。結果は、「緊急事態対処法」の提案など見かけは大がかりに見えるけれども、法案そのものの修正という点では、その実態は「微調整」にとどまるものでしかありませんでした。

五カ月半前、「やっぱり廃案、出直しを」と主張した社説自身、「そもそも、法案の欠陥は手直し程度の修正では繕いようがない」と突き放しています。ところがここでは、与野党にその「手直し」を求めているのです。それには「民主党案は土台になる」とすすめているのです。

もう一つ、重大な問題があります。社説はこれまで一貫して、政府の有事法案は「そもそも冷戦時代に想定した大規模軍事侵攻を前提にしているため、ピントはずれの感がある。自衛隊の行動から制約を取り払うことばかりを優先し……」（02・7・29）とか「旧ソ連の大規模な侵攻という事態を想定して作られている。いかにも時代遅れの『有事』である」（03・4・27）と批判してきました。

この批判は当たっています。先に検証したように、今回の自衛隊法改正案は、冷戦時代のさなか、八〇年代の前半にまとめられた防衛庁内の有事法制研究の報告にもとづいて作られているからです。したがって、この「ピントはずれ」「時代遅れ」の批判は自衛隊法改正案にこそ的中します。ところが民主党案は、この自衛隊法改正案についてはまったく触れていません。つまり、社説がこれまで繰り返し指摘してきた最大の問題点の一つを、民主党案は完全にパスしているのです。そんな半端な欠陥案が、どうして修正協議の「土台」になり得るのでしょうか。

朝日社説のスタンスは、明らかに変わったのです。この転換を「転向」と呼んでも、用語の使い方として決して不当ではないはずです。

✣「声」欄投書と社説のやりとり

朝日社説の突然の「転向」は多くの人にショックを与えたはずです。一一日後、五月八日付の朝日新聞「声」欄に、さいたま市の四四歳の主婦、石川文恵さんの投書「なぜ有事法？　多くの疑問が」が掲載されました。根本的な疑問が提出されていますので、全文を引用します。

〈4月27日の社説「有事法制　民主党案は土台になる」を読んでたくさんの「なぜ」がわき起こりました。そもそも、なぜ有事法制が必要なのですか。「万一に備える法律」がなぜ有事法制となるのですか。「安全保障をめぐる国民の不安は深まっている」からつくるのですか。つまり、不安感に後押しされてつくるということですか。

「備えは要る」とのことですが、その「備え」がアジアの国々、特に北朝鮮に対して脅威となりませんか。有事法制は不安感や脅威の相互の増幅作用を一層促進しないでしょうか。いかなる法律であれ、一度つくられてしまうと、独り歩きしてしまう危険性がありますが、有事法制にその危険性はないのでしょうか。

「民主主義の原点にたった」有事法制づくりは本当に可能ですか。武力によって物事を解決する世の中にしていってよいのでしょうか。この点については、子供たちになんと説明したらよいのでしょうか。

日本が戦争のできない国であり続けることは、何か不都合なことがあるのですか。20世紀は戦争の世紀でした。21世紀は世界中の多様な価値観をお互いに認め合い、共存共栄の実現に向かう時代にすべきかと思いますが、有事法制はその流れに逆行しませんか。〉

「いま、なぜ有事法なのか」という疑問が、ここに提出されています。その論点は、先に紹介した元防衛庁官房長の竹岡勝美氏の問題指摘（八一ページ）とも重なります。

翌五月一二日、社説でこの投書に対する見解が示されました。「声」欄と社説の間にこうした応答がこれまであったかどうか、私は知りませんが、とにかく異例だったことはまちがいありません。

「有事法制をめぐる先月27日付の社説の『民主党案は土台になる』に対し、さいたま市の主婦の方から『声』欄に投書していただきました。たくさんの『なぜ』がわき起こったとありました。まず、そもそも有事法制がなぜ必要なのでしょうか、と」

以下、社説がそれに答えるのですが、ポイントだけを紹介します。

「日本は戦争をしない。ほかの国にもさせない。それが憲法の精神です。そのための外交の重要性は言を待ちません。

それでも、いざという時は万一にもないと言い切れるでしょうか。とりわけ北朝鮮問題をかかえ、最小限の備えさえ必要ないとは考えにくいと思うのです」

「有事法制は結局独り歩きするのではないか、というご指摘もいただきました。

その危険はある。だからこそ、法律を政府や官僚機構の独善を許さない内容とすること、国民と国会がその運用を厳密に監視することが絶対に欠かせません」

「『備え』はアジアの脅威にならないかという心配もあります。法制度の透明性を高めるだけではなく、日本が専守防衛に徹することがますます大事になります」

この社説の回答で、投書した石川さんの「なぜ」ははたして解けたでしょうか。私にはとてもそうは思えません。

石川さんの最大の「なぜ」は、「そもそも、なぜ有事法制が必要なのですか」ということです。それに対して社説は「いざという時」と答え、「北朝鮮問題」を引き合いに出しています。しかし、北朝鮮政府が、突然、日本にミサイルを射ち込んだり、武装ゲリラを送り込んでくるなどといった事態は、到底考えられません。一九九三年三月、北朝鮮が核不拡散条約からの脱退を発表、つづいて五月、中距離ミサイル・ノドンの発射実験に成功し、朝鮮半島の緊張が一挙に高まったとき、板門店での南北朝鮮協議の場で北側代表から「戦争になれば、ソウルは火の海になるだろう」という発言が飛び出したことがありました。しかし「東京は火の海になるだろう」などと北朝鮮が言ったことはありません。また北朝鮮はこれまで幾度も韓国に武装ゲリラを送り込み、五百人もの韓国国民（多くは漁民）を「拉致」していますが、韓国政府はあくまで平和的統一をめざして包容（太陽）政策をとりつづけています。国境を接している韓国がそうであるのに、海を隔てた日本が「北朝鮮の脅威」を言いつのるのは別の意図があるからとしか思えません。

何よりも「北朝鮮の脅威」が虚構だというのは、それによって北朝鮮が得るものは何もないからです。逆に、それによって北朝鮮政権が、国際的包囲・制裁によって崩壊に突き進むことは間違いないでしょう。奄美沖で自沈した工作船が〝麻薬密輸船〟だったという海上保安庁の調査報告は、前に紹介しました。武装はしていたが、ゲリラを運ぶ工作船ではありませんでした。武力攻撃に関しては、「北朝鮮の脅威」は幻影に過ぎません。したがって、社説のいう「いざという時」は、小泉首相の「備えあれば憂いなし」と同じ単なる一般論でリアリティーを欠いており、石川さんの疑問に答えてはいないのです。

同様の疑問は、一般の市民だけでなく、新聞人の中にもあります。朝日新聞社の二人だけの「本社コラムニスト」の一人であり、毎週火曜に「ポリティカにっぽん」という大型コラムを執筆している早野透氏もそうです。このコラムは底に流れる豊かなヒューマニズムと着眼点のユニークさで人気の高いコラムですが、その六月三日付（先の社説の三週間後）「それで一体どうするつもり?・」の中に次の一節がありました。

〈で、もうひとつ「どうするつもり?・」と疑問を禁じえないのは有事法制である。国民保護法制や対米支援法がまだできていないという問題点は置くとしても、さあ有事法制ができた、いつでも応戦できるぞ、どんと来いというつもりでもあるまい。

いつ誰が、どこからどんな形で日本に攻め入ってくるのか、そういった「有事」の具体的想定も国会で全然検討されていない。「有事」のとき超法規で処理するよりも法の支配があった方がいい、というのも理屈ではある。けれども、何度も言うが、そんなことが起きないように不断の外交努力をしていくことこそ本筋だろう。〉

早野氏は朝日新聞社を代表するベテラン政治記者の一人です。その政治記者が、有事法案そのものと国会審議に対して根本的な疑問を投げかけているのです。しかし同じ新聞社の社説は、もはやその疑問に立ち返ることなく、法案成立へ向けて与野党の合意をせきたてたのでした。

石川文恵さんに答えた一二日の後、翌一三、一四日と、朝日社説は有事法制を取り上げます。一三日のタイトルは「与党は合意へ動け」でした。社説は「有事に対して最小限の備えが必要だという認識は、かつてないほど広がった」と勝手に断定した上で、「そうした国民の視線に応えて法案の内容を精査し、よりよいものにするのが修正協議であるべきだ。そして、その方向で議論をまとめる責任は第一に与党にある」として、「与党らしい懐の深さがほしい」と、民主党案の採用を求めたのでした。

翌一四日の社説の冒頭部分は、合意成立への〝祝辞〟です。

「有事法案をめぐる与党3党と民主党の修正協議が合意に達した。歴代自民党政権にとって冷戦時代からの懸案だった有事法制は、野党第一党の賛成を得て今国会で成立することが確実になった。

有事への万一の備えという、国の安全保障にかかわる重要な法制度について、与野党が話し合いで一致点を見いだした。そのことは評価できる」

前日の夜、「今日は記念日だ」と祝杯をあげた小泉首相も、この社説を読んできっと満足したことでしょう。

こうして朝日新聞社説は、国会提出から一年間、半病人状態にあった有事法案が、民主党の修正案が決まった後、自民、民主両党代表の〝密室協議〟で成立へ向けて立ち上がって走り出そうとしたとき、その背中をどんと一押ししたのです。とくに世論に対するその効果は、同社説がしばらく前までは問題点を的確に指摘し、拙速を戒め、ついには「やっぱり廃案、出直しだ」とまで言い切っていただけに、決定的だったといえるでしょう。

✣フィクションを前提にした自衛隊法改正

さて、こうして有事三法は成立にいたるのですが、前にも述べたように与党と民主党の協議の中で自衛隊法改正案はまったく触れられませんでした。その結果、同法案は「無傷」で成立し、防衛庁幹部は胸をなでおろしたのでした。

しかし、これも先に見たように、朝日社説で冷戦時代を想定した「ピントはずれ」「時代遅れ」と酷評されたのは、この自衛隊法改正案だったのです。冷戦時代の「有事」は、旧ソ連による艦船と航空機を使った着上陸侵攻で、そうした「有事」想定がいまでは「時代遅れ」だということは、防衛庁自身も認めています。〇三年版『防衛白書』は「冷戦が崩壊して10年以上が経ち、現在の周辺諸国の状況にかんがみれば、近い将来、わが国に対する大がかりな準備を伴う着上陸侵攻の可能性は低いと考えられる」（三〇二ページ）と判定し、防衛力整備の重点は「ゲリラ・特殊部隊の侵入対処、不審船対処、生物兵器による攻撃への対処」だとしています。

つまり、ソ連の大兵力が宗谷海峡を渡って北海道に侵攻してくるのを、トーチカを築き、塹壕《ざんごう》を掘り、戦車隊を中心に迎え撃つといった事態は、いまやまったく想定されないということです。（いや、冷戦当時も軍事常識から見て到底考えられなかったのですが、その仮想の「北の脅威」が自衛隊増強の口実とされてきたのです。）

ところが、今回の自衛隊法改正では、先にもみたように、「防衛出動命令が発せられることが予測される場合」、「自衛隊の部隊を展開させることが見込まれ、かつ、防備をあらかじめ強化しておく必要があると認める地域（展開予定地域）」で、自衛隊は「陣地その他の防御のための施設（防御施設）を構築する」ことができる、となりました。

大兵力による侵攻の場合は、その動きも事前に察知できるし、その着上陸地点も想定できるでしょう。したがって、「展開予定地域」に「防御施設」を構築することが当然、必要になるでしょう。しかし、そうした大兵力による着上陸侵攻はもはや考えられないのです。防衛庁・自衛隊自身も、防衛力整備の第一課題として「ゲリラ・特殊部隊の侵入」を挙げています。

ゲリラには隠密行動がつきものです。姿を隠して、相手に悟られずに行動するから、戦果をあげることができるのです。動きをつかまれてしまえば、それはただの小規模の武装集団にすぎなくなります。

では、そのゲリラが「侵入」してくる地点が、事前に相当の蓋然《がいぜん》性をもって特定できるのでしょうか。特定できるとしたら、それはもはやゲリラではなくなるのです。したがって、ゲリラ「侵入」の対処策として「展開予定地域」を選定し、事前に「防御施設」を構築するなどということは考えられません。もしそれをやるとしたら、この日本列島のいたるところで陣地構築をやることになります。そしてそれは、当然ゲリラにも知れるでしょうから、別の侵入地点が選ばれることになるでしょう。

そう考えると、防衛庁のいまの現状認識と、大規模な着上陸侵攻を前提にした今回の自衛隊法改正とは、明らかに食い違っています。向いている方向が違うのです。

今回の法改正では、自衛隊は依然として、幻の大兵力の侵攻を想定して海岸や森林地帯に陣地を構築し、塹壕《ざんごう》を掘り、野戦病院を設置し、さらに大量の戦死者が出るのも予定して、この国土を戦場に戦うことになっています。だからこそ、先の展開予定地域での事前の陣地構築を認める条項を新設したほかに、海岸法や森林法の「特例」、医療法や墓地、埋葬に関する法律の「適用除外」を認める法改正を行ったのです。

しかし、繰り返しますが、そうした事態が今後この日本で生じるということは、およそ考えられません。それはフィクションの世界の話です。にもかかわらず、自衛隊法は現実に改正された。そこにどんな意味があるのか、考えてみなくてはなりません。

たんに「いざという時」に自衛隊が「超法規的」行動をとるようでは困るから、というのは答えになりません。その「いざという時」という前提そのものが現実にはありえないからです。

では、本当のねらいは何か。今回の自衛隊法改正の裏側に隠されている意図は何なのか。以下、私の考えを述べることにします。

✣演習場の門を開いた自衛隊法改正

〇二年五月に緊急出版した『有事法制か、平和憲法か』(高文研)の中で、私は、自衛隊をさして「演習場の中の軍隊」と呼びました。決して揶揄《やゆ》的な意味で言ったのではありません。「演習場の中の軍隊」にとどまっていたからこそ、発足から五〇年、自衛隊は他国の兵士・市民をただの一人も殺さず、また一人の戦死者も出さずにきたのです。

自衛隊が「演習場の中の軍隊」にとどめられてきた直接の理由は、法的規制によっていわばがんじがらめにされてきたからです。先に述べたように、第二次大戦後、平和憲法の制定によって日本の法律からは軍事に関する条項はすべて抹消されました。その平和憲法体制の下、第九条の詭弁的解釈によって生み出された自衛隊は、さまざまの法的規制にしばられ、演習場の外に出て行動する自由を奪われてきたのです。栗栖《くりす》統幕議長の「超法規」発言も、そうした法的しばりに対するいらだちから発せられたものでした。

しかし、今回の自衛隊法の改正によって、その法的しばりが解かれました。法律の「特例」「適用除外」によって、法的規制から逃れて行動できるようになったのです。武力攻撃事態法は当然「武力攻撃事態」、そして「武力攻撃予測事態」を前提としています。その二つの「事態」に主役として対処するのは、いうまでもなく自衛隊です。したがって、職能的軍事組織である自衛隊は、その任務を十全に果たすためには、ふだんからこの二つの「事態」に備えての訓練・演習を積んでおかなくてはなりません。論理的には、そうなります。

一方、自衛隊法の改正によって、自衛隊を演習場の中にしばりつけていた法的規制も解除されました。もちろんそれは、二つの「事態」が発生した時という条件付きです。しかし、日頃の訓練ぬきにぶっつけ本番で事に当たることはできません。したがって、訓練・演習の際もこの法的規制は解除されることになるでしょう。理屈ではそうなります。

これまで自衛隊の訓練・演習は、演習場の中に限られていました。記念日などに演習が市民に公開されますが、それも演習場の中においてでした。しかしこれからは、人々の生活の場でもある海岸や河川敷《かせんじき》、都市公園などで、陣地や指揮所を構築し、塹壕《ざんごう》を掘り、ミサイル発射台やレーダーをすえつけ、戦車や榴弾《りゅうだん》砲を並べるといった訓練・演習ができるようになったのです。市民の前に、自衛隊がその〝勇姿〟を見せることが、法的に可能になったのです。

空想で言っているのではありません。第二次大戦前、日本が「軍事国家」だった時代には、陸軍は秋、刈り入れのすんだ田んぼで演習を行うのが恒例でした。前に徴発令の第一条を紹介しましたが、それはこうなっていました。

「徴発令は、戦時もしくは事変に際し、陸軍あるいは海軍……を動かすにあたり、その所要の軍需を地方の人民に賦課《ふか》して徴発するの法とす。

但し、平時といえども演習および行軍の際は本条に準ず」

つまり、演習も戦時と同等に見なされて、収穫の終わった田んぼを〝戦場〟に設定し、兵士たちは周辺の民家に分宿して、大規模な演習が行われたのです。その当日のことを書いた少女の綴方《つづりかた》（作文）が、戦前の『小学国語読本』四年生用に掲載されていました。

「大演習」という題です。

〈今日は、兵隊さんが私の家にも泊るといふので、急いで学校から帰って来ました。するど、もう兵隊さんは来て居て、兵器の手入れをすまし、靴下を洗ったり、兵器をみがいたりして居ました。

お湯から上って「生きかへったやうだ」といって居る兵隊さん、其のそばで、銃や剣を見せてもらって大喜びの弟、夕食の支度にいそがしいおかあさん。私も、兵隊さんの靴下を火にあぶって、乾かして上げました。

夕食後、兵隊さんから、新しい兵器についておもしろいお話を聞きました。おとうさんも感心して「自分の行って居た頃とは、すっかり変った。進んだものだ」と言はれました。

翌朝は早く起きて、出発の支度をして上げました。おばあさんは、疲れないやうにと、焼いたするめや氷砂糖を、紙に包んで上げられました。

まだ明けきらぬ空に、またたく星を仰ぎながら、おとうさんについて、私も町角までお送りしました。皆が「万歳々々」とちょうちんを上げるのに答へて、兵隊さんたちも、「万歳々々」と叫びながら行きました。

私たちは、其の勇ましい姿を、いつまでも見送って居ました。〉

「愛される自衛隊」というキャッチフレーズがありました。市民の支持を得るために、自衛隊は災害救助活動に力を注いできました。しかし自衛隊の「主たる任務」はあくまで「直接侵略及び間接侵略に対しわが国を防衛すること」(自衛隊法第三条)です。その本来の任務において、市民の支持を得ることができなければ、自衛隊の社会的地位はけっして確立しないでしょう。

そしてその本来の任務、つまり防衛出動の訓練・演習を、今回の法改正により、演習場の門を出て市民の眼前で展開できることになったのです。「有事」の認定の下、各種法律の「特例」「適用除外」の特権を自衛隊に与えた今回の法改正は、軍事組織としての本来の姿——「軍隊」をめざす自衛隊にとって、まさに画期的なことだったのです。

✣小泉首相「自衛隊に軍隊としての名誉と地位を」

自衛隊を「軍隊」にしたいと望んでいるのは、自衛隊の幹部だけではありません。〇三年五月二〇日、有事三法案が衆院で可決された後の参院有事法制特別委員会で、小泉首相は自由党の田村秀昭議員の質問に答え、次のように述べました(朝日新聞、03・5・22付)。

〈私は、自衛隊が我が国の平和と独立を守る軍隊であることが正々堂々と言えるように将来、憲法改正が望ましいという気持ちをもっているが、いまだにその機運には至っていない。

外国の侵略に対して戦う集団となれば、外国から見れば軍隊とみられても当然でしょう。日本では憲法上の規定がある。自衛隊を軍隊とは呼んでいない。そこが不自然だから、憲法を見直そうじゃないかという議論がいま出ている。

私は実質的に自衛隊は軍隊であろうと。しかしそれを言ってはならないということは不自然だと思う。いずれ憲法でも自衛隊を軍隊と認めて、違憲だ合憲だという不毛な議論をすることなしに、日本の国を守る、日本の独立を守る戦闘組織に対して、しかるべき名誉と地位を与える時期が来ると確信している。〉

現職の首相が、国会の場で、自衛隊は軍隊だと明言したのは、この小泉首相が初めてです。さすがにこの後、六月五日の衆院本会議で共産党の松本善明議員から「憲法尊重を義務づけられた首相として暴言だ」と追及され、「自衛のための必要最小限度内の実力組織であり、憲法違反ではないのは明らか」だと修正しましたが、小泉首相の意図と願望はもはや疑いようがありません。

先ほどの発言の最後の部分を、再度引用します。

〈日本の国を守る、日本の独立を守る戦闘組織に対して、しかるべき名誉と地位を与える時期が来ると確信している。〉

自衛隊という「戦闘組織」に、「軍隊」としての「名誉と地位」を与えたい。これが小泉首相の念願なのです。そしてその念願を果たす道が、与党と民主党の修正合意によって開かれたからこそ、その合意の夜、首相は「画期的だ」「今日は記念日だ」と大満足の声をあげたのです。

✣日本に武力攻撃を招く〝火種〟はない

しかし、自衛隊を「軍隊」にして、それでいったいどうしようというのでしょうか。

第二次世界大戦後の武力紛争を見ると、その多くが政治的・民族的（部族的）対立による内戦です。大戦直後からしばらくは植民地からの独立戦争がありました（インドネシア、インドシナ、アルジェリア戦争など）。

冷戦時代には、米ソ両陣営の対立から引き起こされた大きな戦争がありました（朝鮮戦争、ベトナム戦争）。

そのほかには領土・国境をめぐる紛争が数多くありました（中印紛争、中ソ国境紛争、印パ紛争、イラン・イラク戦争、英国とアルゼンチンが戦ったフォークランド［マルビナス］戦争など）。また、長い歴史を引きずった武力紛争としては、イスラエルをめぐって四次にわたった中東戦争、北アイルランド紛争があります。

経済的利害のからんだ勢力圏をめぐる戦争としては、アフガニスタン内戦へのソ連の武力介入、米国のグレナダ侵攻、パナマ侵攻などがありました。

結論としていえることは、かつての帝国主義の時代のように、侵略の意図をむき出しにして、正面から武力侵攻、占領するといったことは、現代ではもはやあり得ないということです。（九〇年八月のイラク軍によるクウェート侵攻は、現象的にはたしかにそうでしたが、両国の間には、英国が「インドへの道」の要衝として人工国家クウェートを造って以来の長い歴史的な軋轢がありました。六一年にもイラクはクウェート併合を図っています。）

帝国主義の時代は、もうとっくに終わったのです。

では、日本は、他国からの侵攻を受けるようなどんな〝火種〟を抱えているのでしょうか。

まず、内戦は論外でしょう。冷戦の時代も去りました。日本が米国の軍事同盟国として、ソ連陣営と対峙するという構図は消滅しました。

残るのは領土問題だけです。たしかに日本は、ロシアとの間に北方領土問題を、中国、台湾との間に尖閣諸島の問題を、韓国との間に竹島（韓国名、独島）問題をかかえていいます。しかし、それらはみな政治的解決か国際司法裁判所にかける問題です。それでまさか武力衝突が引き起こされると考える人は、どこにもいないでしょう。

つまり今の日本には、他国との間に武力紛争を引き起こす〝火種〟はないのです。「軍隊」をもって備えなければならないような「いざという時」は考えられないのです。

✣幻影にすぎなかった「テロの脅威」

そこで、有事法案の提案理由として引き合いに出されたのが「テロ攻撃」「北朝鮮の脅威」でした。しかしその〝脅威の実体〟は明らかにされませんでした。国際貿易センタービルが崩れ落ちる黙示録的な映像と、北朝鮮の軍事パレードなどの映像が繰り返しテレビで流されただけです。

9・11事件は、イスラム急進派によって引き起こされました。原因は米国の長年にわたる中東政策・介入にありました。次章の冒頭で改めて述べますが、大きな問題の一つは、米国のイスラエル支援です。イスラエルと周辺アラブ諸国との間には四次にわたって中東戦争が繰り返されましたが、そのイスラエルを米国は一貫して強力に援助し（米国の対外援助の一位はイスラエル）、武器を供給してきました。イスラエルの暴力的な拡大政策によって、アラブの同胞であるパレスチナの人々の多くは絶望的な難民生活を強いられてきたのです。

いま一つの問題は、湾岸戦争以後つづいてきたサウジアラビアを中心とする湾岸地域への米国軍の駐留です。とくにメッカ、メディナの聖地をかかえるサウジでの〝異教徒〟軍隊の駐留は、イスラム急進派にとっては耐えがたい屈辱でした。

こうした問題があったため、米軍・米国に対するイスラム急進派のテロ攻撃が繰り返されてきました。たとえば一九九五年一一月のサウジの首都リヤドの米軍訓練施設爆破（死者七人）、翌九六年の同国ダーランの米軍宿舎への自爆テロ（死者一九人）、九八年八月のケニアの首都ナイロビとその隣国タンザニアの首都ダルエスサラームのアメリカ大使館同時爆破事件（死者は合わせて二二四名）などです。〇一年九月一一日の事件も、こうしたイスラム急進派による自爆テロ攻撃の延長線上で起こったのです。それは〝米国とイスラム急進派の戦い〟にほかなりませんでした。

一方、日本とアラブ諸国との関係はどうだったでしょうか。日本はアラブ諸国にとっては、良質の車や家電製品を送り出す国として歓迎されていました。何よりも、産油国にとっては最大の顧客でした。キリスト教対イスラム教という、十字軍以来の宗教的対立もありません。第一次大戦後、英仏がアラブを裏切って分割し、植民地化したといった歴史の負債も負っていません。今度のイラク戦争中もイラク北部で活動したNGOピースウィンズ・ジャパンの大西健丞さんが、そのあたりでは氷売りが「日本の氷！日本の氷！」と呼び声をあげて氷を売り歩いていたことを伝えています。「日本の」とは別に日本で製造したという意味ではなく、完璧《かんぺき》なとか、きれいな、という意味の形容詞なのだそうです（毎日新聞、03・3・19）。

このように日本は、アラブ諸国の人たちからは好意をもって見られ、その関係は良好だったのです。その日本が、イスラム急進派のテロの標的になるなどということは、到底考えられません。

ところが、9・11事件後、ブッシュ大統領が「テロとの戦争」を叫びはじめると、いち早くそれに同調した小泉首相を先導役に、日本もまたテロ攻撃にさらされるかも知れないという得体の知れない強迫感が、マスメディアを通して流されていったのでした。

テロ一般というものは存在しません。テロにはそれぞれ原因があり理由があるのです。ましてや自爆テロという、自分の命を捨ててのテロ行為には、かつての特攻隊員の苦悩を見てもわかるように（「きけ　わだつみのこえ」）、ぎりぎりに引きしぼられた決意、信念があるはずです。したがって、その原因、理由への考察をぬきにして漠然と「テロ攻撃」を想定するのは無意味といわなくてはなりません。

ところがこの日本では、幻影にすぎない「テロの脅威」が、あたかも実体があるかのごとく吹聴《ふいちょう》され、有事法制の推進に利用されたのでした。

✣「北朝鮮の脅威」の虚構

次は「北朝鮮の脅威」の問題です。

まず、核開発の問題があります。北朝鮮の政府自身が明らかにしているように、同国が核兵器開発をすすめてきたことはまちがいありません。北朝鮮としては、三八度線のすぐ向こうに基地を構えた強大な米軍に対抗する「抑止力」として、核開発をすすめてきたというのが、その言い分です。

北朝鮮が原爆一、二個分のプルトニウムを使用済み核燃料から抽出しているということは、すでに九〇年代に米国のＣＩＡが報告しています。しかし核兵器を完成させるには、核物質のほかに核起爆装置と、またミサイルなどに搭載可能なように兵器化することが必要です。

米国が長崎に投下したプルトニウム２３９原子爆弾（ファットマン）は、直径一・五メートル、長さ三・二五メートル、重量四・五トンという巨大なものでした。それを運ぶために、米軍は当時「超空《そら》の要塞《ようさい》」と呼ばれた大型戦略爆撃機Ｂ29を使ったのです。

北朝鮮も、ノドン、テポドンといったミサイルを開発しています。しかし、原爆を造るには核実験が不可欠ですし、重さ四トンの原爆を搭載できるミサイルがそう簡単につくれるはずもありません。つまり、核ミサイルが〝現実の脅威〟になるまでには、まだいくつものプロセスがあるということです。

核ミサイルでないとすると、通常の爆薬を搭載したミサイルということになります。被害はもちろん軽視できませんが、しかし原爆とは比較になりません。

それに、ミサイルは発射されてから一〇分前後で日本に到達します。どこに落ちるかも予測は不可能です。したがって「展開予定地域」での陣地構築などは問題外となります。つまりミサイル攻撃に対しては、今回成立した有事法制は役に立たないのです。

そこで、米国と共同でのミサイル防衛（ＭＤ）の開発ということになるのですが、次章で述べるように（二一七ページ）技術的に見てそれが実現できるとはとても思えません。

最後に、武装工作船ですが、これについてはすでにふれました（七四ページ）。「大規模な武装ゲリラの侵入」などというのは防衛庁だけの妄想であり、誰が、何の目的で？　と問うたとたんに、妄想は霧消してしまうのです。

同様に根本的な問いは、かりに北朝鮮が日本に攻撃をしかけるとして、それで何が得られるか、ということです。「北朝鮮の脅威」を言いたてる人は、この問いに必ず答えてもらわなくてはなりません。それに答えずに、ただ「脅威」だけを繰り返すのは、理性の放棄、思考停止というしかありません。

北朝鮮の金正日政権がいま最も切実に求めているのは、〝名誉ある和解〟と〝政権の維持〟、そして何よりも経済的支援でしょう。この三つの目的を同時に達成するために、金正日政権は必死で瀬戸際の政治的駆け引きをつづけているのでしょう。

では、これに対してどう対処したらいいのか。賢明な、というより唯一の道は、ねばり強く交渉をつづけて、相互信頼を醸成してゆく中で、言うべきことはハッキリ言い、譲歩するところは思い切って譲歩し、一致点を見つけ出し、それを誠実に実行してゆくということでしょう。そしてそのベースとなるものは、すでに小泉首相自身、〇二年九月一七日、平壌に出かけて署名した「日朝共同宣言」があるのです。それなのに、いま「北朝鮮の脅威」をことごとしく言いたてなくてはならぬ理由は、どこにもありません。

ところが政府・与党は、北朝鮮の核開発やミサイル、実体は麻薬密輸船だった武装工作船を例にあげ、「拉致」問題による北朝鮮バッシングを追い風に、有事法制を成立させたのです。相互信頼どころか、公然と敵対的態度に出たのです。それは結局、両国の緊張関係を強めただけでした。

✣自衛隊法改正と「米軍支援法」

以上に見たように、有事法を通すために言い立てられた〝脅威〟は、常識《コモンセンス》を持って冷静に考察すれば、すべて実体のない幻にすぎないものでした。ではなぜ、〝幻の脅威〟を理由に有事法をつくりだす必要があったかといえば、その一つの目的は、自衛隊発足以来の〝悲願〟であった自衛隊法改正を実現することで、自衛隊に演習場の外へ出る行動の自由を認めることにより、日本を守る「戦闘組織」としての国民的認知度を高め、「しかるべき名誉と地位」を与えられた「軍隊」へと発展させていくということでした。

そしてもう一つ、自衛隊法の改正には大きな意味が隠されています。米軍支援法との関連です。

武力攻撃事態法では、「一年以内」という期限付きで二つの法案化が先送りされました。一つはいわゆる国民保護法制であり、いま一つが米軍支援法です。

武力攻撃事態法には次のように書かれています。

〈事態対処法制の整備〉

三　アメリカ合衆国の軍隊が実施する日米安保条約に従って武力攻撃を排除するために必要な行動が円滑かつ効果的に実施されるための措置

文中、「日米安保条約に従って」とあります。ここで関連する安保条約の条項は、第五条「共同防衛」です。

「各締約国は、日本国の施政の下にある領域にある、いずれか一方に対する武力攻撃が、自国の平和及び安全を危うくするものであることを認め、自国の憲法上の規定及び手続きに従って共通の危険に対処するように行動することを宣言する」

つまり、日本が「武力攻撃事態」に突入したときは、自衛隊だけでなく在日米軍も、共に行動を起こす、ということを約束しあっているのです。そして、そのさいの米軍の行動が「円滑かつ効果的に実施されるため」に新たに制定しようとしているのが、武力攻撃事態法で先送りされた米軍支援法なのです。

日本が「武力攻撃事態」あるいは「予測事態」に入ったとき、自衛隊が「円滑かつ効果的に」行動できるようにするというので行ったのが、自衛隊法の改正でした。ところが、戦うのは日本の自衛隊だけではない。米軍もまた同盟軍として、自衛隊といっしょに戦うのです。

であるならば、米軍の行動が「円滑かつ効果的に実施されるため」には、少なくとも自衛隊に認めたのと同程度の「行動の自由」が米軍にも認められなくてはならないということになります。生命の危険を冒していっしょに戦っている同盟軍に対して、これはわれわれにはできるけれども、君たちにその権利は認められていないんだ、などとは言えないはずだからです。

したがって、今回の自衛隊法改正で実現した「緊急通行」や「土地の強制使用」などが、米軍にも認められることになるでしょう。論理的には、そうなります。

そして実際、本書の校了間際の二月二四日、政府が発表した「米軍行動円滑化法案」の概要には、「緊急通行」をはじめ、通行の妨害となっている車両等の物件の撤去、作戦行動に必要な土地や家屋の強制使用、また破損した道路の応急工事をするさいは事後通知でよいといったことが盛り込まれています。

こうして改正自衛隊法は、自衛隊だけでなく在日米軍の行動の自由をも拡大することになります。そしてそれが「米軍行動円滑化法」として法的に保障されることになるのです。

✣「周辺事態」が「武力攻撃事態」に転化するとき

さらに、もっと大きな問題があります。米軍と自衛隊の一体化という問題です。

一九九九年、周辺事態法が成立しました。これはその二年前に日米間で合意された新ガイドライン（日米防衛協力のための指針）にもとづき、それを国内法として整備したもので、「周辺事態」にさいしては自衛隊が米軍を支援するというものです。その支援の内容は、補給、輸送、修理および整備、医療、通信、空港および港湾業務、基地業務などの後方支援と、戦闘行為によって遭難した米軍将兵の捜索・救助活動、そして船舶検査活動（臨検）でした。

では、この「周辺事態」とは何をさすのか。第一条に次のように書かれています。

「そのまま放置すれば我が国に対する直接の武力攻撃に至るおそれのある事態等我が国周辺の地域における我が国の平和及び安全に重要な影響を与える事態」

何ともまわりくどい文章ですが、とにかくこのような「周辺事態」が発生したとき、自衛隊は米軍と一体となって後方支援活動を行うというわけです。

では、これとよく似た「武力攻撃事態」とは何をいうのでしょうか。武力攻撃事態法ではこう「定義」されています。

「武力攻撃事態　武力攻撃が発生した事態又は武力攻撃が発生する明白な危険が切迫していると認められるに至った事態をいう」

どうでしょうか。この二つの「事態」は異なりますか？　それとも重なりますか？　国会の審議でも、この二つの「事態」の関係についての論議がありましたが、政府の答弁は結局あいまいなままでした。

一つのケースを考えてみます。「周辺事態」が発生して、米軍が日本周辺海上で「敵国」と交戦状態に突入し、その米軍の後方支援のため海上自衛隊の補給艦が出動したとします。すると「敵軍」は、相手の兵站線《へいたん》を断つのは軍事上の常識ですから、自衛隊の補給艦に対しミサイル攻撃を加えます。ミサイルは命中、補給艦は炎上、沈没してしまいました。

国会での審議の中で福田官房長官は、公海上でわが国の船舶が攻撃を受けた場合も「武力攻撃事態」に入るのか、と質問されて、こう答えました。

「わが国の領域内において行われた場合に限らず、たとえば公海上のわが国の船舶に対する攻撃が、状況によってわが国に対する組織的計画的な武力の行使にあたるという場合も排除されない」（朝日新聞、02・5・9付）

つまり、先のように補給艦が撃沈された場合も、武力攻撃事態と考えられ得る、ということです。

その結果、「周辺事態」は「武力攻撃事態」へと転化します。周辺事態法では、自衛隊の任務は米軍の後方支援に限定されていましたが、武力攻撃事態法が発動されると、自衛隊には防衛出動が命ぜられ、自衛隊は米軍と一体となって「敵軍」と戦うことになります。

こうして日本は、新ガイドライン＝周辺事態法を媒介にして、米国の戦争に巻き込まれないとも限りません。そんな危ない仕掛けをひそませているのが、今回の有事法だったのです。

なお、周辺事態法では、地方自治体の長に対して「必要な協力を求めることができる」とあったのが、武力攻撃事態法では、地方自治体が拒否したとしても総理大臣の権限で直接執行できる、となりました。

✣米国のアジア戦略と有事法制

一九九六年の「日米安保共同宣言」（安保再定義）から、新ガイドライン――周辺事態法――武力攻撃事態法・自衛隊法改正と、たたみかけるように強化されてきた日米同盟路線は、日本支配層の「大国」化路線であると同時に、米国のアジア戦略にもとづくものでもありました。そのことは、ブッシュ政権誕生の直前、二〇〇〇年一〇月に発表された、いわゆるアーミテージ報告にきわめて率直に述べられています。

正式名称は「合衆国と日本――成熟したパートナーシップに向けて」といい、国防大学国家戦略研究所特別報告書として作成されたものです。クリントン政権で国防次官補をつとめたジョゼフ・ナイ氏など民主党系と、現ブッシュ政権のポール・ウォルフォウィッツ国防副長官、リチャード・アーミテージ国務副長官など共和党系の政治家・研究者が超党派で行った研究をまとめた文書です。

米国の政治指導層がアジアをどう見ているか、日本をどう見ているかが、冒頭に述べられています。少し長くなりますが、引用します。

「歴史的変化の渦中にあるアジアは、アメリカの政治、安全保障、経済その他の利益を計算するにあたって、大いに重視されるべきである。世界人口の五三パーセント、世界経済の二五パーセントを占め、合衆国との双方向の貿易は年間六千億ドル近くに上っており、アジアはアメリカの繁栄にとって死活的に重要である」

「欧州における大規模な戦争は、少なくとも次の世代までは考えられないが、アジアにおける紛争の見込みがないとは、とてもいえない。この地域には、世界で最も大規模かつ近代的な軍隊をもつ国もあり、核を保有する大国もあり、いくつかの国は核を保有可能である。合衆国を大規模な紛争に直接巻き込みかねない敵対関係が、朝鮮半島や台湾海峡では瞬時にして起こりかねない。インド亜大陸は一触即発の引火点である。各地域が戦争を核によってエスカレートさせる危険性をはらんでいる。しかも、世界第四位の人口を有するインドネシアで長引く騒乱は、東南アジアの安定を脅かしている」

ヨーロッパでは大規模な戦争は起こらない、と報告は言っています。それに対し、アジアはさまざまな不安定要因や対立の火種をかかえている。しかし、日本がそれらにかかわっているとは、報告は一言も述べてはいません。日本が安全保障上の〝脅威〟に当面しているとは、どこにも言っていないのです。

そして、そういう日本だからこそ、米国は安心して次のような役割を日本に求めるのです。

「この将来的には有望だが、潜在的に危険な状況の中で、合衆国と日本の二国間関係は、かつてなく重要になっている。世界第二位の経済力と十分な装備をもつ有能な軍隊をもち、民主主義的な同盟国である日本は、合衆国のアジアに関与する要《かなめ》である。合衆国と日本の同盟は、アメリカのグローバルな安全保障戦略の中心をなしている」（傍点、引用者、以下同じ）

自衛隊は「十分な装備をもつ有能な軍隊」と評価されています。しかし自衛隊は憲法によって、その行動をきびしく制約されている。そのことを指摘した上で、報告は日本に対し軍事上の要求を七項目にわたって提示しています。うち四つだけを紹介します。

「日本が集団的自衛権を禁止していることは、同盟間の協力にとって制約となっている。この禁止事項を取り払うことで、より密接で、より効果的な安全保障協力が可能になろう。これは日本国民のみが下せる決定である」

「我々は、同盟のモデルを合衆国と英国の特別な関係と考えている。そのためには、次のような要素が必要である」

「改定された合衆国と日本の防衛協力のためのガイドラインの誠実な実施。これには、有事立法の成立も含まれる」

「合衆国の三軍すべてと日本の全自衛隊との強固な協力。合衆国と日本は軍事施設の共同使用を高め、演習活動の統合に向けて努力すべきであり、一九八一年に合意された軍隊の役割と任務の再検討と更新を行うべきである」

「用途が広く、機動性、柔軟性、多様性に富み、生存能力の高い軍事力構造の構築」

「合衆国と日本のミサイル防衛協力の範囲の拡大」

有事法制の制定が、すでにここで要求されています。繰り返しますが、ブッシュ政権の成立前の話なのです。あわせて「合衆国の三軍のすべてと日本の全自衛隊との強固な協力」が求められています。今回の有事三法、とくに武力攻撃事態法の制定と自衛隊法の改正は、こうした米国のアジア戦略に沿って実現されたものだったのです。

❖「軍事国家」への回帰

以上、有事法制定の裏側に隠された二つのねらいについて述べました。

一つは、自衛隊発足いらいの〝悲願〟の達成です。実態は「十分な装備をもつ有能な軍隊」でありながら公的にはいまなお「軍隊」とは呼ばれない自衛隊が、発足から五〇年、自衛隊法改正によりようやく「軍隊」として国民的認知を得ていく上でのイニシエーション（成人式）を終えたのです。その後、有事法の制定につづくイラク特措法により、対戦車火器を装備した戦闘部隊を含むイラク派兵が実現、自衛隊は早くも「国軍」への道を踏み出したのでした。

いま一つは、自衛隊の米軍との一体化、日米軍事同盟のいっそうの強化です。自衛隊法の改正と武力攻撃事態法で約束された法整備により、日本における米軍の行動の自由が一挙に拡大されるとともに、周辺事態法と武力攻撃事態法を組み合わせることによって、自衛隊（＝日本）が米国の戦争に「参戦」する道が開かれたのです。自衛隊と米軍との一体化は、この後の第Ⅳ章で述べる近年の自衛隊の装備の変化、訓練の動向によっても裏づけられます。

こうしてこの国は、有事法制の制定と、あわせてアフガン戦争でのテロ特措法、イラク戦争での特措法により、歴史の曲がり角を大きく曲がったのです。では、その方向はどこへ向かっているのでしょうか。

「軍事国家」への回帰です。

試みに、六法全書の「行政法編」のうち「警察・防衛法の部」を開いてみてください。

そこには、次のような法律が並んでいます。

自衛隊法（〇一年のテロ特措法の後と、今回、大幅に拡充された）

安全保障会議設置法（一九八六年制定、今回改正）

ＰＫＯ協力法（一九九二年制定、以後改正）

周辺事態法（一九九九年制定）

武力攻撃事態法（二〇〇三年制定）

このほかにいわゆる国民保護法制――実体は有事に際しての国民の権利制限・統制法、そして米軍支援法などが近く加えられるのです。

ほかにまた米軍との間には、日米安保条約（軍事同盟条約）があり、日米地位協定、日米物品役務相互提供協定（ACSA）、新ガイドラインなどが結ばれています。

第二次大戦後、平和憲法を掲げて再出発したときに比べ、「この国のかたち」は一変しました。武力攻撃事態法を制定し、自衛隊法の大改正を果たしたこの国の姿は、いまや軍事法・有事法をそなえ、軍事超大国と同盟関係を結ぶ軍事国家の姿にほかなりません。

軍事国家とは、いつでも「戦争ができる国」のことです。「戦争ができる国」が、いつ「戦争をする国」に移行していくのか、法的な仕組みがつくられてしまったいま、不安は尽きません。

III 自衛隊「参戦」から「派兵」へ

——アフガン戦争、イラク戦争と日本

この章は、高校生と高校の先生たちを読者対象に高文研で発行している『月刊ジュ・パンス』に私が執筆してきたコラム〈若い市民のためのパンセ〉を執筆順に収録したものです。いわば同時代ウォッチングの軌跡ですが、執筆当時の緊張感を保つために原文のままとし、いくらか「追記」を加えました。タイトルの下の年月は執筆時を示しています。

「テロ報復戦争」をどう考えるか（〇一年一〇月）

人類にとって、理性が最も必要とされるとき、最も非理性的な手段がとられてしまった。一〇月七日未明に開始された米英両国によるアフガニスタン攻撃である。

九月一一日の同時多発テロは、たしかに断じて許されない大量殺戮だった。崩れ落ちた二つの超高層ビルの瓦礫《がれき》の堆積は、取り除くのに一年はかかるだろうともいわれる。それもただの瓦礫ではない。七千人（注・のちに約三千人で確定）の遺体が埋め込まれた瓦礫なのだ。現場の処理作業に従事する消防士たちは、遺体の「部分」を見つけるたびに、

「God Bless You《ゴッド・ブレス・ユー》」と声に出して祈るのだという。そうしなければ、自分自身、耐えられないからだ。

テロの非道・冷酷はどんなに強調してもしすぎることはない。しかし、事態が悲惨であるからこそ、それを引き起こした原因と歴史的背景を冷静に見きわめる理性が求められる。その原因を取り除かない限り、テロを根絶することはできないからだ。

同時多発テロが報じられた二日後、九月一三日の朝日新聞にエルサレム発の小さなベタ記事が出た。「イスラエル軍は12日未明、戦車部隊で包囲していたヨルダン川西岸パレスチナ自治区のジェニンと近郊の村に侵攻した。パレスチナ側との交戦の末、一一歳の少女を含むパレスチナ人九人が死亡、五〇人以上が負傷した。……一方、ガザ地区でも交戦があり、パレスチナ人一人が死亡した」

今回のテロ事件がアラブのイスラム急進派によって引き起こされたものだとしたら、その背後にパレスチナ問題が横たわっていることはだれの目にも明らかだ。

第二次世界大戦が終わってまもない一九四七年、ナチスのホロコーストを生き延びたユダヤ人のために、国連総会はパレスチナの分割決議を採択した。翌年、ユダヤ民族はイスラエル建国を宣言する。しかしそこはアラブ人が何千年も住んできた土地だ。以後半世紀、アラブとイスラエルの抗争がつづいてきた。一貫して優勢だったのはアメリカを後ろ盾にしたイスラエルで（米国の対外援助の一位はイスラエルが占め、武器援助も多い）、当初アラブ側に割り当てられた土地もイスラエルによって侵食され、いまは見る影もない。

抗争は九三年の「オスロ合意」によってしばらく沈静していたが、昨年（二〇〇〇年）九月、シャロン現イスラエル首相の挑発的なイスラム教聖地訪問への反発からパレスチナ人の民衆蜂起（インティファーダ）が再燃した。この一年の双方の死者はイスラエル側一八〇人に対しパレスチナ側が七〇〇人、うち民間人が八五％を占める。そのいちばん新しい犠牲者の一人が、先ほどの記事の一一歳の少女だったのだ。

七日、空爆が開始された直後、今回のテロ事件の首謀者と見られているオサマ・ビンラディン氏の声明と映像が、カタールの衛星テレビを通じて流された。その声明の最後はこう結ばれていた。

「米国民よ、私は神に誓う。パレスチナに平和が訪れない限り、異教徒の軍隊がムハンマド（マホメット）の地から出て行かない限り、米国に平和は訪れない」

パレスチナについては先に見た。では「異教徒の軍隊」とは何か。

サウジアラビアはじめペルシャ湾岸に駐留するアメリカ軍をさす。一〇年前の湾岸戦争でイラクを完全に屈服させた後も、アメリカ軍はこの世界最大の産油地帯にいすわっているのだ。もともとビンラディン氏がサウジを追われたのも、聖地メッカ、メディナを守護すべきサウジ王家が米軍の駐留を認めたのを強烈に非難したためだった。

以上の二つが、今回のテロ事件の直接の原因・背景として考えられることだ。しかし当のアメリカでは、こうしたことはほとんど論議されないらしい。アメリカ外交史を専攻する西崎文子成蹊大学教授もこう語っていた。

「テロ発生の時、私は米国にいた。一週間後に帰国したが、アフガン難民の様子や中東の情報は日本の方がずっとよく報道されている」（毎日新聞、01・10・9付）

アメリカではなぜアラブの実情、とくにパレスチナ問題がきちんと報道されないのか。理由はそれが「アメリカの最後のタブー」だからだと、パレスチナ出身のコロンビア大学教授、エドワード・サイードはいう（雑誌『世界』01年6月号）。彼はアメリカ社会でのイスラエルを支持する熱狂的ユダヤ人団体の恐るべき力を指摘し、そのため「イスラエルの五二年にわたるパレスチナ人に対する抑圧と虐待はまったく言及されず、表面化することさえ許されない言説が形成されている」のだと説く。

今回のアフガン攻撃は、こうしたアメリカ社会に支えられたアメリカ政府によって決定された。しかしそれによってテロが根絶されるとは思えない。「ビンラディンを殺したとしても、次の日には二〇人の新しいビンラディンが生まれるかもしれないのだ」（英王立国際問題研究所のW・ホプキンソン氏。朝日新聞、01・10・1付）

とるべき道は、時間はかかっても証拠を固めて犯人を特定し、国際法廷にかけて「法と正義」の下に裁くことだ。その過程でテロ行為の非人間性とともに、その「原因と背景」も明らかにされ、その解決に向かう中でテロそのものも克服されていくはずだ。

戦争は始まった。それでも私は、理性による解決以外に道はないことを主張しつづけたいと思う。

「テロ対策特措法」と自衛隊（〇一年一一月）

九月一一日、同時多発テロ、一〇月七日、米英軍のアフガン攻撃開始、そして日本では一〇月二九日、テロ対策特別措置法が成立した。

このテロ特措法が成立したとき、ある自衛隊幹部はこう述懐したという（読売新聞、10・30付）。

「過去には出来なかったことが、とうとう……。不思議な感じすらしてくる」

この感懐は私にもわかる。私だけでなく、一〇年前を記憶している人なら、だれでも同じなはずだ。

一九九〇年八月、イラクのクウェート侵攻によって湾岸危機が起こる。米国のブッシュ大統領（今のブッシュ大統領の父親だ）はただちにペルシャ湾へ空母を向かわせるとともに、日本の海部《かいふ》首相に対しても全面協力を求めてきた。

そこで政府は、さっそく国連平和協力法案を作成、一〇月、国会にかける。最大の焦点は、自衛隊の海外派遣だった。自衛隊はその名の通り、自国を防衛することだけが目的の「専守防衛」の軍隊だ。海外へ出てゆくことは、自衛隊法そのものが認めていない。

国会での論議は大もめにもめ、結局この法案は廃案となった。

しかし政府は、翌年ふたたび国際平和協力法案（ＰＫＯ協力法案）を提出、激論が続くなか衆議院では強行採決するが、参議院では否決され、年を越えて九二年六月、ようやく成立したのだった。

それにくらべ今回のテロ対策特措法は、一〇月一一日の衆院特別委員会での審議開始からたったの一八日間で成立したのだ。先の自衛隊幹部が「不思議な感じすらする」と述べたのは実感だったろう。

では、このテロ対策特措法の本質は何か。それは、同時多発テロ以降の小泉首相と政府の動きを見れば、おのずと浮かんでくる。

同時多発テロから一週間とたたない九月一六日、小泉首相は早くも自民党の山崎幹事長に対し、自衛隊による米軍支援のため新たな法律制定の検討を指示、政府・与党は新法の検討に入った。

自衛隊を海外に出す法律は、PKO協力法のほか、九九年に成立した周辺事態法がある。戦争状態に入った米軍を、日本国内だけでなく公海上でも自衛隊が支援できるという法律だ。

この法律の周辺事態という概念は地理的なものではない、と政府は説明していたが、しかし当時の国会答弁で「中東やインド洋で起こることは、現実の問題として想定されない」と答えた経緯がある。自衛隊を遠くインド洋やパキスタンまで派遣するには、やはり新たな立法が必要だったのだ。

一九日、小泉首相は、自衛艦の派遣など新法の内容を先取りした対応策を発表する。

二一日早朝、インド洋へ向かって横須賀基地を出港した空母キティホークを、海上自衛隊の護衛艦二隻が護衛した。基地を出撃する米艦を護衛することは、作戦行動の一体化にほかならず、憲法で禁じられた「集団的自衛権」の行使に当たる。周辺事態法でも認めていない。そこで防衛庁はその法的根拠を、防衛庁設置法5条18項の「防衛庁の所管事務の遂行に必要な調査・研究」だと強弁した。「護衛」を「調査」に化けさせたのだ。

二五日、小泉首相はワシントンへ飛び、ブッシュ大統領と会談、米国に可能な限り貢献できるよう新法を準備している、と伝えた。

一〇月六日、航空自衛隊のC１３０輸送機六機がパキスタンへ向け、難民救援用のテントや毛布を積んで愛知県の小牧基地を飛び立った。C１３０は積載量も少ない上、航続距離も短く、途中で三カ所に立ち寄って給油しなくてはならないため三日もかかる。

これだけの量なら、民間の大型貨物機を使えば、一機で、しかも一一時間で運べるという。しかし政府は、自衛隊機を使った。

以上の経過から見えてくるのは、何が何でも自衛隊を出したいという願望だ。今回のテロ対策特措法によって、自衛隊の活動領域は地球大に広がり、また公海上だけでなく外国の領域でも、その国の同意があれば活動できることになった。

武器の使用も、これまでの自分と同僚の自衛隊員を守るためだけとされていたのが、「自己の管理の下に入った者」を守るためにも使用できるとなった。

一一月九日、テロ特措法の基本計画作成を待たず、護衛艦二隻と補給艦一隻からなる自衛艦隊がインド洋に向け佐世保基地を出港した。今回の法的根拠もまた、防衛庁設置法５条の「調査・研究」だ。

しかし、自衛隊の出動にどんな意味があるのだろうか。米軍の一方的なアフガン攻撃はいよいよ泥沼化の様相を深めているのに——。

アフガン戦争便乗で変わる日本（〇一年一二月）

アフガニスタンの情勢は、私たちの予測をこえて急速に進行した。いまこのコラムを書いている一二月一二日現在、タリバン勢力は崩壊、米軍はビンラディン氏を追って、B52戦略爆撃機で東部山岳地帯に激しい空爆を加えている。

一方、タリバン後の新しい政権づくりも始まっている。

アフガン情勢と同様、日本国内でも急激な動きがあった。先月号で書いた「テロ対策特別措置法」の成立の後、わずか一カ月でＰＫＯ協力法が「改正」されたのだ。

この三カ月で、自衛隊をめぐる状況は大きく変わった。そのことを、どうしても書いておきたい。

まず自衛隊の実際の動きから。

一一月九日、護衛艦二隻と補給艦一隻がインド洋へ向かった。テロ対策特措法は一〇日前に成立していたが、防衛庁設置法の「調査・研究」にもとづく情報収集が目的ということだった。

ついで同月二五日、護衛艦、掃海母艦、補給艦各一隻がインド洋へ向け出港した。今回はテロ対策特措法にもとづくもので、インド洋の米軍基地ディエゴ・ガルシアへの物資輸送とパキスタンへの援助物資輸送が目的とされた。

一二月二日、先に出航していた補給艦「はまな」はアラビア海の洋上で、米海軍の補給艦に燃料を補給した。同艦は先に述べたように、出航時の法的根拠は防衛庁設置法だったが、一一月三〇日、テロ特措法にもとづく自衛隊派遣が国会で承認されたため、当初の目的「調査・研究」をテロ特措法にもとづく米軍支援に切り替えたのだった。補給した軽油は無償、つまり無料で提供したもので、翌三日にも二回目の提供を行なった。

その翌四日、航空自衛隊もまたＣ１３０輸送機で米軍兵士をグアム島方面に輸送した。

自衛隊が発足したのは一九五四年。以来四七年をへて初めて自衛隊は、戦時に作戦行動中の外国の軍隊を支援したのである。

四年前、私はこのコラムで、日米防衛協力の新ガイドラインについて述べ、最後をこう結んだ。

「湾岸戦争のような事態が再び起これば、こんどは日本は、名実ともにれっきとした

〝参戦国〟となるはずだ」（97年11月号）。その予測は早くも的中してしまった。

一〇月二九日にテロ特措法が成立して一カ月とたたない一一月二二日、政府・与党が提出した「国連平和維持活動（ＰＫＯ）協力法」改正案の国会審議が始まった。成立したのは一二月七日である。テロ特措法の審議に要したのは一八日間、今回は一五日間ですませてしまった。

改正で何が変わったのか。

二つある。まず一つは、武器使用の制約をゆるめたことだ。

改正前のＰＫＯ協力法では、派遣された自衛隊員が「自己または自己と共に現場に所在する他の隊員の生命または身体を防衛するためやむを得ないと判断される場合」に限り、小型武器を使用できると定められていた。

ではなぜ、こんな制限が設けられたのか。憲法第九条で「戦争」とともに「武力の行使」は明確に禁じられているからだ。

ところが、テロ対策特措法ではこの制約がゆるめられ、「自己または現場にいる他の隊員」に加え、「その職務に伴い自己の管理下に入った者の生命または身体の防護」のためにも武器を使用できる、となった。「自己の管理下に入った者」には被災民や傷病兵、外国軍隊の連絡要員などが含まれるというのが当時の説明だった。

このテロ特措法の「自己の管理下に入った者」が改正ＰＫＯ協力法にもそのまま導入されたのだ。

この「管理下に入った者」について、与党の安全保障プロジェクトチームの座長、久間《きゅうま》章生《ふみお》・元防衛庁長官はこういったという。

「管理の下というのは非常に幅が広い。ゴムひものようなものだ」（朝日新聞、01・11・15付）

そして実際、政府は、他国のＰＫＯ要員や国際機関の職員、要人警護も可能との〝解釈〟を示した。

さらに、これまで認められなかった武器や弾薬の防護のためにも武器使用ができるようになった。

テロ特措法は、二年間の「時限立法」だ。同時多発テロの発生で緊急につくった二年間だけの特例法で武器使用の制約をゆるめ、それを横流しして恒久法であるＰＫＯ協力法の武器使用の制約をゆるめる。こういう手法を何といったらいいのだろう。

もう一つの改正点は、ＰＫＯ協力法に定められながら実施が凍結されていたＰＫＦ（国連平和維持軍＝ピースキーピング・フォーシズ）本体業務への自衛隊の参加を可能にしたことだ。ＰＫＦの本体業務とは次の六つをさす。

①　停戦や武装解除などの監視

②　緩衝地帯などでの駐留や巡回
③　武器の搬入・搬出の検査
④　放棄された武器の収集・保管
⑤　紛争当事者が行なう停戦線など境界線の設定の援助
⑥　紛争当事者の捕虜交換の援助

一見してわかる通り、ＰＫＦの本体業務には危険がつきまとう。直前まで戦場だった、まだ硝煙の臭いが残っているようなところで停戦や武装解除などを監視したり、捕虜交換にまでかかわるのだ。

当然、武器使用を制限していたのでは、その任務遂行はむずかしい。つまり、武器使用条件の緩和と、ＰＫＦ本体業務の凍結解除とは、セットになっているのだ。

こうして今回のＰＫＯ協力法の改正は、自衛隊をまた一段と、憲法で禁じられた「武力の行使」に近づけた。

ＰＫＯ協力法では、自衛隊のＰＫＯ参加に当たって前提となる五原則が決められている。紛争当事者間の停戦の合意が成立していることや、それが崩れた際は撤収できる、そして武器の使用は必要最小限に限るといったものだ。

このＰＫＯ五原則についても、防衛庁では次の通常国会で見直しをはかる、つまりＰＫ

O協力法を再改正したい意向と伝えられる。

【追記】

同じ〇一年秋、自衛隊法でも重大な改正が行われました。特に問題なのは、「防衛秘密法」ともいうべきものが自衛隊法改正の形でつくられたことです。第Ⅱ章でも触れましたが（六六ページ）、一九八五〜八七年、自民党は「国家秘密法」の立法をもくろみましたが、国民の反対運動で果たせませんでした。その葬り去られたはずの国家秘密法が、テロ対策特措法のどさくさの中で、あっという間に成立してしまったのです。（当初の「国家秘密法案」では外交と防衛秘密の二つが対象となっていましたが、自民党の修正案では防衛秘密だけにしぼられていました。）

自衛隊法に新たに加えられたのは、次のような内容です。

第九六条の二　（防衛庁）長官は、自衛隊についての別表に掲げる事項であって……我が国の防衛上特に秘匿することが必要であるもの……を防衛秘密として指定する。

［別表］

一　自衛隊の運用またはこれに関する見積りもしくは計画もしくは研究

二　防衛に関し収集した電波、画像情報その他の重要な情報

三　前号に掲げる情報の収集整理またはその能力

四　防衛力の整備に関する見積りもしくは計画または研究
五　武器、弾薬、航空機その他の防衛の用に供するものの種類または数量
六　防衛の用に供する通信網の構成または通信の方法
七　防衛の用に供する暗号
八　武器、弾薬、航空機その他の防衛の用に供する物またはこれらの物の研究開発段階のものの仕様、性能または使用方法
九　右の物の研究開発段階のものの製作、検査、修理または試験の方法
十　防衛の用に供する施設の設計、性能または内部の用途

要するに、自衛隊に関するいっさいがっさいについて、防衛庁長官が秘密指定をすれば、それが「秘密」となるのです。罰則もつくられました。

第一二二条　防衛秘密を取り扱うことを業務とする者がその業務により知得した防衛秘密を漏らしたときは、五年以下の懲役に処する。防衛秘密を取り扱うことを業務としなくなった後においても、同様とする。

3　過失により右の罪を犯した者は、一年以下の禁錮または三万円以下の罰金

4　右の行為の遂行を共謀し、教唆し、または扇動した者は、三年以下の懲役

八五年に廃案になった国家秘密法案と比べてみると、一〇年以下の懲役が五年、教唆・扇動

の五年以下が三年以下と多少軽減しただけで、実質的内容は同じものです。

もう一つ、同じ時期の自衛隊法改正によって、自衛隊が在日米軍基地の警護に当たることができるようになりました。9・11事件のさいは本土から機動隊を送って沖縄の米軍基地を警備したのですが、次に同様の事態が起これば自衛隊が出動するのです。

沖縄修学旅行キャンセル問題（〇二年一月）

昨年の9・11同時多発テロ事件の後しばらく、私たちの目は〝新しい戦争〟へと突入していくアメリカ政府の動きとそれを支援する日本政府の動向にクギづけにされた。ところがその間、沖縄では、ある重大な事態が生じていた。

沖縄は在日米軍基地の七五％を背負わされた〝基地の島〟だ。その米軍基地へのテロ攻撃の恐れと、航空機を使った空の旅への不安から、沖縄への旅行が次々とキャンセルされはじめたのだ。

観光産業は、沖縄の主導的産業である。ホテルやバス、タクシーをはじめ海産、畜産、農産物、土産物など、その裾野は広い。幸い、沖縄への観光客数は年々増加し、一昨年は四五〇万人をこえた。

その重要な一角を占めるのが、高校を主体とした修学旅行だ。一九九二年以降、東京都をはじめ本土の各県で修学旅行に航空機が使用できるようになり、沖縄修学旅行は順調に増え続けてきた。一昨年の実績は約一六〇〇校、三〇万人を数える（関東32％、近畿23％、中部16％、東北９％）。この沖縄修学旅行が、９・11テロ事件以後、なだれをうって中止されていったのだ。

沖縄修学旅行の教育的意味は二つある。一つは、本土と異なる亜熱帯の自然、独特の歴史、文化にふれることで、日本という国の多様性に目を開くきっかけとなる。

もう一つ、それにもまして大きいのは、平和学習だ。沖縄は太平洋戦争を通じて最大の決戦場となり、県民の実に四人に一人という犠牲を生んだ。その沖縄に、今もアジア最大の米軍基地が存在する。過去の戦争（沖縄戦）と現代の戦争（基地）を重ね合わせ、戦争と平和について考えることのできる場所――そこが沖縄なのだ。

ところが今回、その最良の平和学習の場が、現実の戦争によって奪われるという皮肉な結果となった。この問題をどうとらえたらいいのか、私なりに考えてみたい。

まず簡単に経過を見ておこう。
九月一一日の事件の後、沖縄の各政党は「沖縄も標的にされかねない」と不安を表明、県警はただちに米軍基地や米総領事館などの警備を強化した（以下、左の『沖縄タイムス』の見出し参照）。

沖縄タイムス　2001年（平成13年）　9月18日　火曜日

米が自衛隊派遣を打診

燃料や物資輸

「作戦

嘉手納も臨戦態勢

ピリピリまるで開戦前夜

2001年（平成13年）　9月28日　金曜日

県警　ホテルなど点検

イスラム過激派入国情報で

沖縄修学旅行中止9200人に

米同時テロ観光直撃

観光収入480億減

テロ打撃深刻

琉銀、観光

「観光被害 年越せぬ」

「平穏な沖縄伝えて」

観光コンベンションビューロー

厳戒態勢で訓練激化

普天間・嘉手納

本土

一七日、嘉手納《かでな》空軍基地の司令官が基地内の軍人・軍属向けに「すでに臨戦態勢に入っており、戦時生活の不便に慣れるよう」呼びかける。以後、嘉手納と普天間《ふてんま》飛行場では厳戒態勢のもと訓練が激化し、周辺住民を騒音で悩ませる。

一九日、早くも新聞に「沖縄敬遠すでに九〇〇〇人、修学旅行に不安の声」の記事が出る。つづいて二八日には「沖縄修学旅行中止九二〇〇人に」の記事。以後、新聞には「観光被害」「風評被害」の文字が踊り、県をあげて「だいじょうぶさぁ～沖縄」キャンペーンと観光支援に取り組む。しかしキャンセルのなだれは止まらず、一一月末で沖縄修学旅行を中止した学校数は約八二〇校、人数で一八万一二〇〇人（約6割）に及んだ。

以上の経過から見えることは何か。「基地」と「観光」は両立しない、という明白な事実である。沖縄県が〝観光立県〟をめざす以上、基地の縮小・撤去を求めていくほかない。今回の事態はそのことを鋭く示したといえる。

では、一一月末でキャンセル率六割という事態はやむを得なかったのだろうか。そうとはいえない。

事件発生の翌一二日、早くも文部科学省は各都道府県教委に対し、「海外修学旅行の安全対策について」注意の文書を送った。そこで指定されていた地域は米国だけだったが、重ねて二一日には、海外全般にわたっての注意を喚起する文書を送る。これらを受けて、一四日には神奈川県教委が、二六日には東京都教委が、「沖縄への修学旅行」について慎重な対処を求める文書を送った（新潟県教委も一二日、米軍基地への注意文書を各校に送付）。

神奈川県や東京都の文書は、直接「自粛」を求めたものではない。しかし米国のアフガン攻撃突入への緊張が高まるなか、実際には沖縄修学旅行の中止・変更を迫る効果を及ぼしたことは間違いない。

のちに一〇月二六日、遠山文科相は沖縄へ行き、「県民生活は平穏だ。沖縄への修学旅行を予定している学校は中止する必要はまったくない」と述べた。しかし、そのときはすでに一五万人の修学旅行キャンセルが出ていたのだ。

9・11テロ事件の後、米軍基地への攻撃が懸念されたのは事実だ。しかしその懸念が本当に深刻だったのなら、沖縄だけでなく本土の米軍基地――横須賀や横田、岩国や佐世保の基地の周辺でも避難騒ぎが起こったはずだ。しかしそんな動きはどこにもなかった。

保護者からの心配の声に学校は弱い。やむなく中止にいたった事情は理解できる。それでも、確かな情報収集にもとづく理性的な判断がもっとほしかったと思う。

アフガン戦争は終わった。しかし沖縄の人々は、今後も当分、巨大な米軍基地を背負わされて生きていかざるを得ない。今回の事態を新たな契機として、平和学習の地としての沖縄を再確認し、心ある先生方が沖縄修学旅行に取り組まれることを、私は切望する。

「悪の枢軸」と有事法制（〇二年三月）

一般教書とは、アメリカ大統領が年の初めに議会で演説する、その年の政策の基本方針を述べたものだ。年頭教書ともいう。

今年一月二九日に発表されたブッシュ大統領の一般教書は「テロとの戦い」を前面にすえたものだった。こんな具合だ。

「われわれはテロとの戦いに勝利しつつある。……たとえ七千マイルも離れ、海と大陸で隔てられ、山頂や洞窟の中に潜もうとも、お前たちはこの国の正義から逃れることはできない。

われわれの大義は正しく、今後も続いていく。対テロ戦争はアフガンで終わるどころか、まだ始まったばかりだ」

この段階ですでにタリバンの主力は壊滅し、一週間前には東京でアフガン復興支援国際会議が開かれていた。しかしブッシュ大統領は、対テロ戦争は始まったばかりだという。

理由は、イスラム急進派のテロ組織がまだ数十カ国に残っており、さらに「テロ支援国家」が存在するからだという。

その「テロ支援国家」の代表として大統領は、北朝鮮、イラン、そしてイラクの名をあげ、これを「悪の枢軸《すうじく》」と呼んだ。

「これらの国々は『悪の枢軸』だ。世界平和を脅かし、テロリストに武器を与える。もし無関心でいれば、破滅的な結果を招く」

「枢軸」といえば、だれもが第二次世界大戦での「三国同盟」を連想する。ナチス・ドイツとファシズム・イタリア、それに軍国主義日本の三国を「枢軸国」と呼んだ。これに対抗するアメリカ、イギリス、ソ連などを「連合国」と呼び、大戦は連合国の勝利で終わった。大統領は、北朝鮮、イラン、イラクの三国を打倒さるべきファシズム国家になぞらえ、それをさらに「悪の……」とどぎつく形容したのだ。

そしてこの「対テロ戦争」を戦うために、大統領は「防衛予算について、この二〇年で最大の増額をした」。その増額分は四八〇億ドル（約六兆二千億円）、日本の年間防衛予算（約五兆円）を上まわる。またその伸び率は、対前年度比一五％、かつてレーガン大統領がソ連を「悪の帝国」と呼び、大軍拡をやった当時（一九八一、八二年）に匹敵する高率だ。

当時のソ連はアメリカと並ぶ軍事大国だった。しかし今の北朝鮮やイラン、イラクは、国民生活・経済を立て直し、維持してゆくだけで精いっぱいの国だ。「テロ支援」の明確な証拠があるわけでもない。それなのに「正義」「大義」をふりかざし、とくにイラクに対してはまたも総攻撃の意図をちらつかせ、そのための大軍拡をするのだと肩を怒らせている。

さらに驚いたのは、三月九日付けのロサンゼルス・タイムズ、一〇日付けのニューヨーク・タイムズで報道されたという国防総省の機密文書「核戦略の見直し計画」だ。そこでは、北朝鮮、イラク、イランのほか中国、ロシア、リビア、シリアの名を明記し、生物化学兵器の貯蔵施設を標的として核攻撃を加えるシナリオを策定するよう指示されているという。

いま、世界で戦争を望んでいる国などない。どの国も自国のことだけで手いっぱいだ。その中で、軍事超大国アメリカだけが「悪の枢軸」などという幻影をつくりだし、戦争だ、戦争だと叫んでいる。そのため大軍拡予算も組んだ。おかげで、景気後退で不振が目立つ軍需・ハイテク産業の間で「テロ特需」への期待が高まっているという（朝日新聞、02・1・31付）。

ところでいま、世界で戦争に向かって前のめりになっている国はアメリカだけだと述べた。実は、もう一国ある。わが日本だ。

昨年九月一一日の同時多発テロ以降、テロ対策特別措置法の制定、自衛隊法の改正、PKO協力法の改正と、自衛隊の活動の枠を広げてきた政府は、つづいて「有事法制」関連法案を今国会にも提出しようとしている。

有事とは、平時の反対で、戦時をさす。有事法制の整備とは、つまり、戦争になったときの自衛隊の行動の自由を保障するための法律の整備ということだ。それは、防衛庁がすすめている「法整備」の中身を見ればよくわかる。こういうものだ。

▼部隊が緊急に移動するときは私有地でも通れるようにする。
▼道路が破壊されたとき、急いで通過するため、道路法にとらわれず、道路管理者でない自衛隊が道路を補修できるようにする。
▼陣地を構築するため、海岸法、河川法、森林法、自然公園法などにとらわれず、土地を利用するさいの手続きを簡略化する。
▼航空機の格納庫や指揮所などを、建築基準法にとらわれず速やかに建築できるようにする。
▼医療法に定められた基準にとらわれずに、野戦病院を設置できるようにする。
▼墓地、埋葬等に関する法律にとらわれずに、墓地や火葬場以外のところでも戦死者を

火葬し、埋葬できるようにする。

一読してわかるように、有事法制とは、日本を戦場に日本国内で戦争することを前提にしたものだ。

しかし――一体、どこの国が日本に攻め込んでくるというのだろう。北朝鮮だろうか。だが、軍艦を動かす石油にもこと欠く国が、どうやって軍隊を運んでくるのだ？　では、中国だろうか。しかし今、中国にとって日本は、アメリカと並ぶ最大の貿易輸出国だ。お客さんの国に攻め込んで、商売をふいにするような愚かな国はどこにもない。ロシアはどうか。かつての冷戦時代、ソ連軍が北海道に侵攻してくるという〝北方の脅威〟が喧伝された。しかし冷戦が終わってみると、それはマンガだったことがわかった。

「悪の枢軸」が幻影であるように、有事法制も幻想の産物でしかない。しかし、その幻想から生み出される軍拡や法律は、まぎれもない現実として私たちの上にのしかかる。

パレスチナ危機解決のカギ（〇二年四月）

「もう何もない私たちが払うことができるのは、ただ自分の生命だけなのです」

あるパレスチナの青年の言葉だ。『週刊金曜日』02年3月29日号の土井敏邦さんのレポート「果てしなき自爆テロの背景」の中にあった。

イスラエルは一九六七年の第三次中東戦争以来、ヨルダン川西岸とガザのパレスチナ自治区を占領、封鎖をつづけている。三〇年以上もガザ地区に住んで聾学校の校長をしているアメリカ人女性、ジェリー・シャワさんは朝日新聞への寄稿の中でガザを「青空刑務所」と呼んでいた（02・4・10付）。

この「青空刑務所」に希望はない。あるのは「破壊、死、犠牲、屈辱、抑圧、貧困」（シャワさんの言葉）だけだ。だから先のパレスチナの青年は言う。

「自分の将来を築くこともできない。こんな状態でどうして絶望せずにいられますか。このひどい状況の中で私たちは死につつあるのです。だから青年たちは自分の人生に絶望し、イスラエルへ行き自爆するのです。世界中からやってきて私たちを殺し土地を奪っているユダヤ人に『ノー』という唯一の手段が自爆攻撃なのです」

しかし当然のことながら、自爆テロも取り返しのつかない悲劇を生む。この二月、日本パレスチナ医療協会の視察団代表として現地を視察した芝生《しばう》瑞和《みずかず》さんは、雑誌『世界』5月号に寄稿したレポート「暴力の連鎖を断ち切るために」の中で、夫を自爆テロで失ったイスラエルの国会議員、モーテルさんの証言を紹介している。

「私の夫は医者で、ハダッサ病院に勤務していました。患者を、ユダヤ人、アラブ人にかかわらず診ていた。犠牲になった日、直前に診ていた患者は、アラブ人の女性でした。家路につこうとした時、そばに車がきて銃弾が発射され、夫は死にました。五人の子供と私が残されました。……二週間前、エルサレムの中心街でショッピングしている時にも、そばで爆発がありました。外出すると本当に生きて帰れるのかどうかわからない。家に無事に帰り、家族、子供たちの顔を見ることができるようにというのが、私たちの小さな望みなのです」

パレスチナ住民の自爆テロと、それに対するイスラエル軍の戦車やミサイル、攻撃ヘリまで繰り出しての報復という憎悪と暴力の連鎖は、一昨年九月、シャロン・リクード党首（現首相）がエルサレム旧市街のイスラム教聖地アルアクサ・モスクに護衛付きで足を踏み入れたことから始まった。

この露骨な挑発行為に憤激したパレスチナ側は、鬱積した怒りもあって、インティファーダ（民衆蜂起）を宣言、以後一年半の間に生じた死者は、四月初めの時点でパレスチナ側が約一三七〇人、イスラエル側が約四三〇人、計一八〇〇人にも及ぶ。それに加え、パレスチナの二万人が身体障害者となったという。

現在、イスラエルの人口は六四〇万、それに対し、ヨルダン川西岸とガザの自治区に住むパレスチナ人は三五〇万人、ほかに約三〇〇〇万人のパレスチナ人が隣国のヨルダンやシリア、レバノンなどの難民キャンプで帰る当てもなくその日暮らしを送っている。

パレスチナ問題の根は深い。背景には、ユダヤ人迫害の長い長い歴史がある。直接の発端となったのは、第二次世界大戦後まもない一九四八年、アラブ人の土地であるパレスチナの地でのユダヤ人によるイスラエル建国だった。それから数えても、すでに半世紀以上がたっている。この歴史を白紙に戻すことは、もはや現実的に不可能である。

現実的な解決の道は、イスラエルとパレスチナの「共存」以外にあり得ない。そのための最新の提案が、サウジアラビアのアブドラ皇太子による和平構想だった。

イスラエルが三五年間占領しつづけているヨルダン川西岸とガザ地区から撤退すれば、アラブ諸国もイスラエルと外交・通商関係を正常化する、つまりイスラエルの存在を保障するというものだ。

このアブドラ構想は、三月二八日、レバノンの首都ベイルートで開かれたアラブ諸国の首脳会議で採択され、「ベイルート宣言」として発表された。世界中のだれもが納得できるものだった。

ところがその翌二九日、イスラエルのシャロン首相はパレスチナ自治政府のアラファト議長を改めて「敵」と決めつけ、議長府を攻撃、議長を監禁状態に追い込んだ。こうしてアラブ諸国首脳による和平提案はイスラエルの砲弾であっさり打ち砕かれてしまった。

なぜシャロン首相は、こんなにも強硬姿勢をとりつづけられるのだろうか。核兵器を含め最新の戦闘機やミサイルを備えた軍事力への自信もあるだろう。が、何よりも大きいのは、超大国アメリカによる支持と支援だ。

アメリカはこれまで、イスラエルに対し年間三〇億ドルもの軍事・経済援助を与えてきた。また、昨年九月一一日の同時多発テロ事件が起こると、アメリカのブッシュ大統領は「テロとの戦争」を宣言し、「テロの基盤をたたきつぶすため」ためらうことなくアフガン攻撃に突き進んだが、シャロン首相もそれと全く同じ〝論理〟でパレスチナに無差別攻撃を加えている。

しかし、力の論理ではけっして〝憎悪の連鎖〟を断つことはできない。封鎖されたガザを「青空刑務所」と呼んだシャワさんは、訴えの末尾でこう述べていた。

「本当の問題は占領であり、占領にともなう抑圧です。パレスチナ人たちは『答えは五歳児にも分かるくらい簡単だ』と言います。そして『占領を終わらせよ。そうすれば平和になるだろう』と」

終わりの見えない流血と破壊に、アメリカ政府もさすがに傍観をつづけることはできず、先に特使を派遣し、ついでこの四月、パウエル国務長官を中東に送った。

しかし、長官の調停は失敗に終わった。もともと腰が引けていた上に、次のイラク攻撃のためのアラブ諸国への下工作という底意がすけて見えていたからだ。

それでも、イスラエルを占領地から撤退させられるのは、同国の最大の援助国であるアメリカ以外にない。解決のカギはアメリカの手中にある。どうすればいいか、それこそ五歳児でも知っている。

石油のために血を流すな（〇二年九月）

「9・11」から一年間が過ぎた。テレビでは、ニューヨークやワシントンでの追悼式典の光景とあわせて、超高層ビルが音もなく崩れ落ちてゆくあの映像が、再びくりかえし放映された。

では、この一年間、どんなことがあり、結果として何が残ったのか。立ち止まって振り返ってみよう。それにより、これから起こることの意味も読み取れるだろう。

昨年一〇月七日、アメリカはアフガンへの空爆を開始した。テロの首謀者がオサマ・ビンラディン氏であり、彼の率いるテロリスト集団アルカイダを、タリバン政権がかくまっているからという理由だった。

デイジーカッターという恐るべき破壊力をもつ爆弾などを使っての攻撃に、年末、タリバンは根拠地カンダハルを放棄して敗走する。後はアメリカ軍と「北部同盟」による掃討戦へと移った。

今年に入り、アフガンの復興と新政権づくりのための国際会議が開かれ、六月、カルザイ氏を大統領として移行政権が発足した。しかし実態はまだまだ不安定だ。「北部同盟」に集まった武装勢力（軍閥）間には勢力争いがあり、パキスタン国境の山岳地帯ではタリバン残存勢力の抵抗が続く。

ではこのほかに、この一年間で何が生みだされ、何が残ったか。

長い間の内戦によって荒廃していた国土が、アメリカ軍の空爆によりさらに壊滅的となった。大量の死者と、それを上まわる心身障害者が生み出された。

新しく外国の軍隊が入ってきた。アメリカ軍と国際治安部隊だ。アメリカ軍はアフガンだけでなく、隣接するウズベキスタンやキルギスなど、旧ソ連だった諸国にも駐留、アフガンには今後ずっと駐留しつづけると見られる。

一方、アフガン攻撃の最大の目的だったビンラディン氏の拘束は果たされていない。タリバンの指導者オマール師とともに、その生死すら不明のままだ。

そしていままた、アメリカのブッシュ大統領は、「アルカイダとイラクの関係」を理由の一つに、イラク再攻撃を公言している。

一一年前の一九九一年一月、アメリカ軍を主軸とする多国籍軍はイラクを攻撃、わずか一カ月半の戦闘でイラクを屈伏させた。以後、アメリカ軍は、サウジアラビアやクウェート、カタールなどペルシャ湾岸に駐留しつづけている。

九〇年八月、イラクがクウェートに侵攻するまで、アメリカ軍は湾岸に駐留することはできなかった。とくにメッカなど聖地をかかえるサウジアラビアが〝異教徒〟の軍隊が入り込むのをきびしく拒んでいたからだ。だが湾岸戦争以降、アメリカ軍は湾岸に居すわった。名目は「イラクの監視」だが、背後には石油の問題がある。

第二次世界大戦まで、アメリカは最大の産油国であり、消費国だった。今もアメリカは全世界の石油消費量の25％を占める（日本は８％）。

しかし第二次大戦後は、ペルシャ湾岸が最大の産油地となった。ＯＰＥＣ（石油輸出国機構）発表によると、九八年末の世界の採掘可能原油量（石油埋蔵量）は、サウジの25％、イラクの11％を含め中東五カ国で63％を占め、アメリカはわずかに２％にすぎない。アメリカはすでに石油の六割近くを輸入に依存しているのである。

ブッシュ大統領は、イラクとアルカイダの関係を説く。しかしその証拠は示せない。そこで、イラクのフセイン大統領が、核兵器や生物・化学兵器など大量破壊兵器を開発していると非難し、イラクがそれを使ってアメリカ本土を攻撃する前にたたきつぶす「先制攻撃」が必要であり、それによって〝フセイン政権〟に代わる〝民主的な政権〟を樹立しなくてはならないと主張する。

フセイン政権が、個人崇拝と恐怖政治にもとづく独裁政権であることはその通りだろう。しかしアメリカがイラク非難を強めれば強めるほど、イラク国民はアメリカへの反発を深め、フセイン大統領の下での結束を固めるだろう。

アフガン戦争の隠れた問題は、カスピ海沿岸に眠る莫大な量の天然ガスと石油だった。天然ガスや石油は、それを運び出すパイプラインができて初めて価値を生む。そのパイプラインがどうしても通らなくてはならないのが、アフガンだった。しかし、タリバン政権がそれを認めなかった。

今回の戦争でタリバンは排除され、アメリカ軍の駐留が実現した。いずれやがてアメリカの影響下でパイプラインが敷設されていくのだろう。

フセイン政権を倒した後に樹立される〝民主的政権〟は、当然、〝親米政権〟ということになる。それによって、アメリカのエネルギー源は安定確保される。

9・11から一年がたち、アメリカでも新たな戦争に反対する声があがりはじめた。九月八日、市民団体「スタンドアップ・ニューヨーク」が呼びかけ、市民数百人がブロードウェーをデモ行進したが、そのプラカードにはこう書かれていたという。

――「ブッシュの石油利権のために血を流すな」（朝日新聞、02・9・9夕刊）

「拉致問題」と「歴史の負債」（〇二年一〇月）

九月一七日、小泉首相は平壌《ピョンヤン》へ行き、北朝鮮の最高指導者、金正日《キムジョンイル》総書記と会談、日朝国交正常化交渉の再開に合意した。新聞は「歴史刻む初対面」と特大の見出しをかかげ、直後の世論調査でも八割が首脳会談を「評価」した。

しかし、「拉致、八人死亡、五人生存」の事実を知らされ、遺家族の怒りと悲しみの声がテレビを通じて伝えられ始めると、状況は一転した。さらに、「数人で襲いかかり、口をふさぎ、両手を縛って袋に入れ……」といった、まさに〝人間狩り〟としかいいようのない拉致の手口が明らかにされるにつれ〝国家テロ〟への怒りは強まっていった。ついには新聞の社説も「拉致問題の解明なくして国交正常化はない」と言い切るまでになった(毎日新聞、02・10・2)。

拉致という行為が最悪の「人道に対する罪」であることはいうまでもない。その事実解明と責任追及は徹底してすすめられなくてはならない。

しかし、日朝国交正常化交渉もまた、どうしても推進されなくてはならない。交渉のルートを閉ざしてしまえば、拉致問題追及の場そのものも失われるからだ。

日朝首脳会談のわずか一カ月前の八月一八、一九日、拉致問題をめぐって日朝赤十字会談がやはり平壌で開かれた。この会談では北朝鮮側は依然として、「日本人行方不明者」と呼んでいた。

ところが一カ月後の首脳会談では、金総書記ははっきり「拉致の問題」といい、それが同国の特殊機関の行為であったと認め、「この場で、遺憾なことであったことを率直におわびしたい」と謝罪した。北朝鮮での金総書記の地位は、第二次大戦までの日本の天皇の地位に匹敵する。その総書記の「謝罪」は、韓国や米国では異例のこととして受け止められた。

それまでの「行方不明者」を、国家機関による「拉致」として認めさせたことは、首脳会談の大きな成果だった。今後の事実解明も、交渉を再開する中で粘り強く追及してゆくほかはない。

忘れてならないのは、日本と北朝鮮は国交がないだけでなく、今も敵対関係にあるということだ。

一九六五年、日本は韓国と「日韓基本条約」を締結し、国交を開いた。その条約の第三条には——「大韓民国政府は……朝鮮にある唯一の合法的な政府であることが確認される」と書かれている。

つまり日本は、北朝鮮（朝鮮民主主義人民共和国）政府を「合法的な政府」として認めていないのだ。ということは、国家としての北朝鮮をいまもって〝否認〟していることにほかならない。

隣国であり、しかもすでに半世紀以上も存在する、人口二千二百万人の国を否認しつづけることがどんなに不正常なことか、小学生でもわかるだろう。その不正常な状態を解消しようというのが、国交「正常化」交渉なのだ。

また、こうした不正常な関係は戦争の火種となる。したがって、戦争を未然に防止するには、火種となる不正常な関係をなくしていくことが必要だ。

だからこそ、日朝首脳会談から一週間たった九月二三日、コペンハーゲンで開かれたアジア欧州会議の第四回首脳会合では「朝鮮半島の平和に関する政治宣言」を採択し、小泉首相の北朝鮮訪問は「両国の問題だけではなく、国際的な安全保障の懸念を解決するためのトップ会談」として評価したのだ。日朝国交正常化交渉の進展を、世界中が見守っているのである。

もう一つ、決して忘れてならないこととして、日本が負っている〝歴史の負債〟の問題がある。

朝鮮半島に、韓国と北朝鮮という二つの国がつくられた直接の責任は、米国とソ連にある。第二次大戦後、朝鮮半島に進駐した米国軍とソ連軍が、北緯38度線を境に南と北に分断占領したからだ。

しかし、なぜ米軍とソ連軍が朝鮮半島に入ってきたかといえば、日本が朝鮮を一九一〇年以来三五年もの間、自国の領土（植民地）にしていたからだ。そのため、日本の敗戦で解放されはしたものの、朝鮮に既成の政府はなく、短期間で新たに統一政府をつくって米ソの介入をはねのけ、独立を取り戻すことができなかったのだ。

このように日本は、朝鮮半島の南北分断に歴史的責任を負う。

さらに、三五年にわたる植民地支配の責任もある。一九四五年の日本の敗戦時に日本にいた朝鮮人の数は二三七万人。その中には戦争以前から職を求めて玄海灘を渡ってきた人たちも含まれるが、三七年の日中全面戦争の開始以後に日本に来た一六〇万人の半数以上は、戦争中の日本の労働力不足を埋めるため朝鮮から強制的に連行されてきた人たちだ。手足を縛り、袋はかぶせなかったとしても、この鉱山や土木工事現場などへ送り込んだ強制連行は、本質的に「拉致」と変わりはない。

一九四五年、日本にいた二三七万人のうち広島で七万、長崎で三万人が原爆被爆、うち五万人が爆死した。北朝鮮の「反核平和のための被爆者協会」によると、同国に生存する被爆者は今年八月現在で一九五五人という。

また戦争中、日本軍は朝鮮の女性たちを「慰安婦」として将兵を相手に売春を強制した。北朝鮮政府によると、同国で確認された元「慰安婦」は二一八人、その中の四七人が公開の場で体験を「証言」したが、うち二一人はすでに亡くなったという。この元「慰安婦」に対しても、日本政府は国として謝罪も補償も行っていない。

日本のこの「歴史の負債」については、作家の関川夏央氏のように、「歴史的問題と、平時にもかかわらず現在進行中のテロを並列させるのは見当違いだと思う」と言う人もいる。だが、歴史はまだ葬り去られてはいない。被爆者や元「慰安婦」のように、心と体の傷に日夜苦しみつづけている人たちが現に多数存在するのだ。

「拉致」の事実解明と責任追及は、もちろん徹底して行わなくてはならない。そしてその後には、五七年にわたって放置されてきた日本の「歴史の負債」が清算されなくてはならない。その二つが誠実に実行されてはじめて、両国の関係は完全に「正常化」される。

日本はいま〝戦争中〟である（〇二年一一月）

表題を見て、まさかそんな、と思った人が多いかも知れない。しかし、日本はいま、たしかに〝戦争中〟なのである。

アメリカはいまもまだアフガン報復戦争を続行している。だから、アフガニスタン国内や周辺国に地上部隊を派兵するとともに、インド洋・アラビア海に、アフガンへ向けミサイルを構えた軍艦をはりつけている。

そのアメリカの軍艦に、日本の海上自衛隊は燃料を積んだ補給艦と、それを護衛する駆逐艦（日本では護衛艦と呼ぶ）を出動させ、燃料を提供しつづけてきた。

前線で作戦行動中の部隊に、物資・弾薬を補給することを、軍事用語で兵站《へいたん》（英語でロジスティックス）という。それがなければ作戦をつづけることはできないから、兵站は作戦行動の一環である。そしてその作戦行動の一環を、日本の自衛隊がになっている。

以上の事実から引き出される結論は一つしかない。アメリカとともに、日本も〝戦争中〟ということである。

アメリカがアフガン攻撃を開始したのは、昨年の9・11事件から約一カ月たった一〇月七日だった。その四日後の一一日、政府が提出した「テロ対策特別措置法案」の審議が始まり、わずか一八日間の国会審議で同法は成立した。

その一〇日後の一一月九日、補給艦と護衛艦二隻がインド洋へ向け出航した。

海上自衛隊による燃料補給は、テロ対策特措法にもとづき閣議決定した「基本計画」によって行なわれる。その基本計画では、当初の自衛隊によるアメリカ軍への協力支援活動の期間は六カ月だった。しかし六カ月たった今年五月になっても、アメリカの戦争は終わらない。そこで政府は、期間をさらに六カ月間延長した。

海上自衛隊がアメリカの艦船に提供する燃料（軽油）は無償、つまり無料である。ということは、私たち日本国民の税金がアメリカ軍の作戦行動に投入されているということだ。その意味で、自衛隊だけでなく、私たち日本国民も、アメリカの〝戦争〟に参加しているのである。

この一〇月末の時点で、アメリカ海軍への燃料補給は総計一四三回に及ぶ（他にイギリス軍艦への補給が五回)。そのために出動した海上自衛隊の艦船は、延べにして補給艦五隻(うち二隻は二回出動)、護衛艦一一隻の計一七隻である。

こうして日本が提供した軽油の量は、累計で二三万キロリットル、金額にしてざっと八三億円に達するという。

では、こうした日本の協力支援活動を、アメリカはどう見ているのだろうか。

アメリカ国防総省は毎年、「共同防衛に対する同盟国の貢献に関する報告」を連邦議会に提出している。「貢献度報告」と呼ばれるもので、アメリカの同盟国二五カ国がアメリカの世界戦略にどの程度「貢献」しているかを、国別に〝評価〟したものだ。その二〇〇二年版で、日本はこう〝評価〟されているという。

「日本は対テロ戦争で米国の活動に迅速で重要な支援を行った」

「おそらく最も重要なのは、海上自衛隊が史上初めて、進行中の戦闘作戦を支援するため、海外に出動していることだろう」(しんぶん赤旗、02・11・1付)

アメリカはこのように自衛隊の〝戦争参加〟を事実に即して〝評価〟しているのである。

テロ対策特措法にもとづく自衛隊のアメリカへの協力支援は、この一一月、二度目の期限切れを迎えた。すでに一年が経過したのである。しかしアメリカの軍艦は、インド洋を動こうとしない。

テロ対策特措法は、その正式名称にある通り「九月十一日のアメリカ合衆国において発生したテロリストによる攻撃等に対応して」二年間の時限立法として制定されたものだ。アフガンのテロリスト支援勢力として攻撃の対象となったタリバンはすでにほとんど壊滅している。それなのに、どうしてトマホークなどのミサイルを構えたアメリカの軍艦がインド洋にいすわりつづけなくてはならないのか。疑問は尽きない。

しかし、そうした疑問について、政府は国民に対し一言の説明もないまま、国民の血税を使ってのアメリカ軍への協力支援期間の二度目の延長をあっさり決定した。その上、イージス艦の派遣までが声高に語られ始めている。

イージス艦とは、最新鋭の大型駆逐艦だ。高性能のレーダーシステムと、九〇ものミサイル発射装置をそなえ、同時に多数のミサイルを発射できる。世界でもアメリカ海軍の六〇隻を除けば、海上自衛隊が四隻持っているだけだ。そのイージス艦を、「出そうと思えばいつでも出せる」と福田官房長官は言明した（11月7日）。

アメリカの軍艦がインド洋を動かないのは、次のイラク攻撃をにらんでいるからだ。そのアメリカ軍艦に燃料を補給しつづけている日本は、もうすでに次のイラク攻撃戦争に巻き込まれているのかも知れない。

【追記】

二年間の時限立法だったテロ対策特措法は〇三年一〇月で期限が切れましたが、与党はこれをさらに二年間延長しました。海上自衛隊による各国艦艇への燃料補給は、最初の二年間で合計三〇二回、総量三二万四〇〇〇キロリットル（約一一七億円）に達しました。燃料提供した相手の国は、米国、英国をはじめカナダ、フランス、ニュージーランド、ギリシャなど一〇カ国に及びます。

イージス艦が導く戦争への道（〇二年一二月）

さる一二月四日、小泉内閣はついにインド洋へのイージス艦の派遣を決定した。

イージス艦とは、先月号でも書いたが、高性能のレーダー・システムをそなえ、二〇〇もの標的を同時にとらえる能力をもつ。また、四方から接近する一〇以上もの飛行物体を同時にミサイルで撃墜することができる。基準排水量も他の駆逐艦の一・五倍、七二五〇トンの大型駆逐艦だ。

このイージス艦の派遣によって、日本はアフガン戦争につづき、アメリカの対イラク戦争にも新たな一歩を踏み入れることになる。

この一年、海上自衛隊は、インド洋・アラビア海に展開するアメリカ軍の艦船に燃料を提供するため、補給艦二隻とそれを護衛する駆逐艦三隻を、ローテーションを組んで派遣してきた。今回のイージス艦派遣もそのローテーションの一環で、乗組員の居住性や安全性を考慮した上でのことだと政府は説明している。

しかし、イージス艦はただの駆逐艦ではない。ケタはずれの能力をもつスーパー駆逐艦なのだ。

そのレーダーの探知範囲は他の駆逐艦の五倍、半径五〇〇キロの範囲をカバーできるという。かりに東京湾に一隻を浮かべれば、西は大阪まで、北は岩手県の盛岡くらいまで、本州のざっと三分の二をカバーすることができる。

しかも探知・収集した情報は、「リンク11」というネットワークでアメリカの艦船と結ばれている。日本のイージス艦がキャッチした情報はそのままアメリカ軍の情報となるのだ。当然、アメリカ軍の作戦に利用される。

先月号で、物資や弾薬を補給する兵站《へいたん》は、作戦行動の一環にほかならないと書いた。情報の探知・収集も、作戦行動の不可欠の一環である。いや、情報がなければ、作戦そのものがなりたたないとさえ言える。イージス艦が派遣されれば、当然、その重要な情報収集の一部をになうことになる。

一二月初旬の現在、インド洋、アラビア海には二五隻のアメリカ軍艦艇が展開している。イラク攻撃が開始されれば、その主力はペルシャ湾側へシフトする。その手薄になった部分を、日本のイージス艦が穴埋めするというわけだ。

このことをさして、新聞は「間接支援」と表現している。たしかに前線には出て行かず、戦闘行動に参加するわけではない。しかし、後方を固めることでアメリカ軍の作戦行動をささえ、さらに情報収集では作戦の一端をになう。

これをかりにイラク側から見れば、日本もアメリカと一体となって武力攻撃を仕掛けてきたとしか見えないだろう。

こうしてイージス艦の派遣は、日本を事実上アメリカの対イラク戦争に引きずり込んでゆく。

では、どんな法的根拠、あるいは国際条約上の根拠があって、イージス艦は派遣されるのだろうか。

今回のイージス艦派遣は「テロ対策特別措置法」にもとづくとされている。しかしテロ対策特措法の正式名称はこうなっている。

「平成十三年九月十一日のアメリカ合衆国において発生したテロリストによる攻撃等に対応して行われる国際連合憲章の目的達成のための諸外国の活動に対して我が国が実施する措置及び関連する国際連合決議等に基づく人道的措置に関する特別措置法」

一読してわかるように、テロ対策特措法は、9・11事件に対応して制定されたものだ。しかし今回のアメリカのイラク攻撃は、国連の査察団が派遣されていることからもわかるように、イラクの核・生物・化学兵器など大量破壊兵器開発への疑惑を理由に計画されている。

それなのに、事実上イラク攻撃に参加することになるイージス艦派遣を、テ、ロ、対、策、特、措、法、にもとづいて実施するというのは、どういうことか。こういうのを〝法の乱用〟というのではないか。

日本のイージス艦派遣問題は、実は最近始まったことではない。今年（〇二年）五月六日、朝日新聞で驚くべきことが報じられた。四月一〇日、海上自衛隊の幹部が在日米海軍の司令官を横須賀基地に訪ね、アメリカ側から日本政府に対し「インド洋へイージス艦の派遣を期待する」と要請してほしいと働きかけたというのだ。さらにこの情報をもたらした「米軍事筋」は、その理由として海自幹部がこう述べたことも明らかにしたという。

「かりに米軍が対イラク開戦に踏み切ってしまってからでは、イージス艦の派遣は難しくなる。何もないうちに出しておけば、開戦になっても問題にならないだろう」

先に、日本イージス艦の役割は、イラク攻撃開始となったさい、インド洋・アラビア海のアメリカ海軍の主力がペルシャ湾側へ移動した後の穴埋めにあると述べた。この役目は、通常の駆逐艦（護衛艦）では果たせない。段違いの能力をもつスーパー駆逐艦、イージス艦でなければ果たせないのだ。

そのイージス艦派遣を求めたということは、海自幹部が対イラク戦争への事実上の参戦を望んだということだ。防衛庁はさらに掃海艇の派遣も検討し始めている。

良識と良心が試されている（〇三年一月）

ちょうど一二年前の一九九一年一月一七日未明。ペルシャ湾の空母やサウジアラビアの空軍基地から、アメリカ軍を主体とする戦闘機の大編隊がイラク攻撃に飛び立った。その数六六六八機。「史上最も激しい空爆」といわれた。

その後、停戦までの一カ月半の間にアメリカ軍は約一万回にわたり戦闘機を出撃させ、八万八千トンの爆弾をイラクに投下した。爆薬の量は、広島型原爆をＴＮＴ火薬の量に換算してその七発分に相当する。それにより連日、一日当たり二千五百人から三千人のイラク人が死んだ。総数で一一万から一三万五千人と推定される。

そうした空爆を四〇日ほど続けた後、二月二四日、多国籍軍はイラク領内に突入する。その数日前、当時のソ連のゴルバチョフ大統領はイラクのアジズ外相をモスクワに呼んで説得、ついにイラクの「クウェートからの完全無条件撤退」を含む譲歩を取り付ける。世界中が、これで戦火がやむ、と期待した。

しかしブッシュ大統領（現大統領の父）はそれに耳をかさず、地上軍のイラク進攻を命じた。

戦争前、イラク軍の兵力は九五万と伝えられていた。しかし四〇日間の空爆で戦闘能力はすでに壊滅状態となり、散発的な抵抗を行ったのみで敗走に敗走を重ねた。追撃戦は「大規模な狩りをしているようだった」と『ニューズウィーク』の記者は伝えている。

地上戦開始からわずか一〇〇時間後、三月一日、湾岸戦争は終わった。以後、今日まで一二年、イラクは国連による経済制裁と米英軍による監視を受けてきた。

以上が、一二年前の湾岸戦争のあらましである。そして今また、ブッシュ大統領はイラク攻撃を大声で叫んでいる。

しかし、一二年前と現在とでは、状況は明らかに違っている。一二年前には、イラク軍によるクウェート侵攻（九〇年八月二日）という明白な事実があった。そのためアメリカ軍を主体に「多国籍軍」も編成された。

しかし今回は、大量破壊兵器の〝疑惑〟があるだけだ。しかもイラクはその〝疑惑〟をはらすための国連の査察を受け入れている。だから、日本だけは早ばやとイージス艦を送ってしまったが、ほかにはイギリスを除いてアメリカのイラク攻撃にすすんで参加しようとしている国はない。

それどころか、世界の各地でアメリカのイラク攻撃に対する反対運動が起こっている。この二カ月間の新聞からひろってみよう。

9月28日、ロンドンで対イラク戦争反対のデモ行進、四〇万人が参加した。翌29日には、ローマで一〇万人がデモ。

10月12日、パリでの一万五千人をはじめフランスの三〇都市以上で対イラク戦争の抗議デモ。

10月26日、お膝元のアメリカで全米数百の平和団体が結集し、対イラク戦争反対の集会を開く。首都ワシントンでの集会には、主催者発表で二五万人、サンフランシスコのデモには一〇万人が参加。

同日、ドイツでも七〇都市で戦争反対の集会やデモ。

11月9日、イタリアのフィレンツェで欧州平和大行進。主催者発表で一〇〇万人がヨーロッパ各地から参加した。

11月10日、韓国・ソウルでイラク攻撃に反対する集会。千人の市民・学生が参加。

12月1日、オーストラリアの首都キャンベラはじめ各都市でイラク攻撃とそれへのオーストラリア政府の参戦に反対する集会。

12月10日、全米一二〇カ所で反戦の集会、デモ、祈りなど。

同日、イタリアの約二百の都市で、イラク攻撃とイタリア政府の不参加を求めるキャンドル行進。

12月14日、パリやマルセイユなどフランス各地で反戦行動。

このように欧米を中心に反戦の声は急速に強まっている。

ところでこれらの集会で必ず叫ばれるスローガンがある。「ノー・ブラッド・フォア・オイル（石油のために血を流すな）」だ。

このスローガンは、湾岸戦争の当時すでに欧米で叫ばれていた。しかし日本では、どうしたわけかこの指摘はほとんどなかった。

一昨年秋から冬にかけてのアメリカによるタリバン攻撃の隠された狙いがカスピ海沿岸

の天然ガスと石油であり、イラク攻撃の真の狙いも石油資源にあることは、昨年一〇月号のこの欄で書いた（一七五ページ）。そのことは世界中が知っている。

ヘレン・トーマスさんという元ＵＰＩ通信の記者がいる。ケネディ政権以来九代の政権を取材し、記者会見では大統領が敬意を表して最初に指名したという記者だ。そのトーマスさんが毎日新聞のインタビューで、「対イラク戦争は米国にとって何のための戦いでしょうか？」という問いに、こう答えている（02・12・30付）。

「英国の歴史家は『永久の友好国などない。永久の権益があるのみだ』と語った。米国にも見事に当てはまる。米国の永久の権益とは、油、権力などだ」

アメリカの権益と覇権のために、再びイラクの人々の命が奪われようとしている。それを阻止できるかどうか、二一世紀を生きる人類の良識と良心が試されている。

無法超大国と「国連」の危機（〇三年三月）

戦争突入か、それとも平和的解決か――。三月一五日現在、国連で必死のせめぎあいが続いている。どうしてこんなことになったのか、問題の本質は何なのか、これまでの経過を振り返って考えてみよう。

一昨年の九月一一日、アメリカが無差別テロに襲われたとき、世界中がアメリカを哀悼した。テロリスト集団アルカイダをタリバン政権がかくまっているという理由で、アメリカがアフガニスタン攻撃に向かったときも、日本をはじめ多くの国が支援した。

三カ月の空爆でタリバン勢力は敗走、翌〇二年一月には東京でアフガン復興支援会議が開かれ、アメリカが支援する新しい政権も発足した。「対テロ戦争」はこれでひとまず終わったはずだ。

ところが、アメリカの戦争は、これで終わらなかった。アフガンの国内外には地上部隊を、アラビア海には艦隊をはりつけたまま、次の標的、イラク攻撃の準備に入ったのだ。しかし、イラクがアルカイダを支援している証拠はどこにもない。逆に、熱烈なイスラム教徒の集団であるアルカイダと、政治の上ではイスラム教と絶縁したサダム・フセイン率いるバース党とは対立関係にあるというのがイスラム世界の常識だ。

そこで、次に持ち出されたのが大量破壊兵器だった。フセイン独裁下の「ならず者国家」イラクは核兵器や生物・化学兵器を保有している。それがいつテロリストの手に渡るかも知れない。その危険を未然に防ぐために、イラクに対し大量破壊兵器を完全に廃棄させせなくてはならないというのだ。

この問題はしかし、最近はじまったことではない。湾岸戦争がイラクの敗北で終わった一カ月後の九一年四月、国連安全保障理事会はイラクに大量破壊兵器の廃棄を求める決議687を採択、同年六月から国連大量破壊兵器廃棄特別委員会（UNSCOM）がイラクで査察活動を開始した。

査察が六年半続いた九八年一月、イラクが「査察団はアメリカに主導されている」として退去を要求、今回と同様の危機的状況が続いた後、同年一二月、アメリカとイギリスはイラクへの空爆を決行した。

その後、査察は中断されたままだったが、ブッシュ大統領のイラク攻撃の意図がくり返し表明される中、昨年一一月、安保理は査察再開のための決議1441を採択、イラクもこれを受け入れ、国連監視検証査察委員会（UNMOVIC）による査察が再開された。

結果はどうだったか。三月七日の安保理への報告で生物・化学兵器を査察したUNMOVICのブリクス委員長は、「査察場所にはかなり自由に立ち入りできる。あと数カ月で査察は完了できるだろう」と述べ、核兵器を査察した国際原子力機関（IAEA）のエルバラダイ事務局長も「これまでのところ核開発を示す証拠はなかった。近い将来、イラクの核関連の能力について客観的で完全な評価を安保理に提出できるだろう」と報告した。

ところが、その同じ日、アメリカとイギリス、スペインはわずか一〇日後の三月一七日と期限を切って、武力行使への事実上の最後通告ともいえる修正決議案を安保理に提出した。

安保理で決めた査察の責任者たちが、あと数カ月で完全な報告書を提出できると明言しているのに、いや、待てるのはあと一〇日間だけだ、と米国は突っぱねたのだ。

他の国々がどう反対しようと、アメリカは自国の国益のためには単独でも行動すると公言したのは、昨年九月二〇日にブッシュ大統領が発表した「国家安全保障戦略」、いわゆるブッシュ・ドクトリンだ。中にこんな一節がある。

「脅威が米国の国境に達するよりも前に探知し、破壊することで、米国の国内外での利益を防衛する。米国は国際社会の支持を得るために努力を維持するが、必要とあれば、単独行動をためらわず、先制する形で自衛権を行使する」

引用文の最後に自衛権の行使とあるのは、国連憲章五一条で「安保理が必要な措置をとるまでの間」という限定つきで唯一認められている武力行使に当たる。そしてもう一つ、この五一条には「武力攻撃が発生した場合には」という前提条件がつけられている。

ところがブッシュ・ドクトリンは、武力攻撃が発生していなくとも、脅威を探知し、単独でも先制攻撃を実行するというのだ。

その結果はどうなるか。国連憲章の破棄と国連の解体である。

第一次世界大戦後、ウィルソン米大統領の提唱でつくられた国際連盟は、軍国主義の日本とナチス・ドイツの脱退で空洞化し、世界は第二次世界大戦に突入した。

その教訓から、国際連合は、安保理の設置を軸に、武力の不行使と戦争廃絶を最大の課題としてサンフランシスコで創設された。その国連が、ほかならぬアメリカによって解体されようとしている。

米ソ対立の冷戦時代、安保理は機能不全ではあったが、どちらも国連そのものを破壊しようとまではしなかった。しかし今、唯一の超大国アメリカは国連を崩壊させようとしている。人類は再び無法時代に引き戻される。

【追記】

関連する国連憲章の条文を引用しておきます。

《国際連合憲章》（一九四五年六月、サンフランシスコ）

第一章　目的及び原則

第一条［国連の目的］国際連合の目的は、次のとおりである。

1　国際の平和及び安全を維持すること。そのために……平和を破壊するに至る虞《おそれ》のある国際的の紛争又は事態の調整又は解決を平和的手段によって且つ正義及び国際法の原則に従って実現すること。

2　人民の同権及び自決の原則の尊重に基礎を置く諸国間の友好関係を発展させること並びに世界平和を強化するために他の適当な措置をとること。（3、4は略）

第二条［行動の原則］

1　この機構は、そのすべての加盟国の主権平等の原則に基礎を置いている。

4　すべての加盟国は、その国際関係において、武力による威嚇又は武力の行使を、いかなる国の領土保全又は政治的独立に対するものも、また、国際連合の目的と両立しない他のいかなる方法によるものも慎まなければならない。

7　この憲章のいかなる規定も、本質上いずれかの国の国内管轄権にある事項に干渉する権限を国際連合に与えるものではなく、また、その事項をこの憲章に基づく解決に付託することを加盟国に要求するものでもない。（2、3、5、6は略）

第六章　紛争の平和的解決

第三三条［平和的解決追求の義務］

1　いかなる紛争でもその継続が国際の平和及び安全の維持を危うくする虞《おそれ》のあるものについては、その当事者は、まず第一に、交渉、審査、仲介、調停、仲裁裁判、司法的解決、

地域的機関又は地域的取極の利用その他当事者が選ぶ平和的手段による解決を求めなければならない。（2は略）

第七章［平和に対する脅威、平和の破壊及び侵略行為に関する行動］

第四二条［軍事的措置］安全保障理事会は、第四一条に定める措置（非軍事的措置）では不十分であろうと認め、又は不十分なことが判明したと認めるときは、国際の平和及び安全の維持又は回復に必要な空軍、海軍又は陸軍の行動をとることができる。この行動は、国際連合加盟国の空軍、海軍又は陸軍による示威、封鎖その他の行動を含むことができる。

第五一条［自衛権］この憲章のいかなる規定も、国際連合加盟国に対して武力攻撃が発生した場合には、安全保障理事会が国際の平和及び安全の維持に必要な措置をとるまでの間、個別的又は集団的自衛の固有の権利を害するものではない。この自衛権の行使に当たって加盟国がとった措置は、直ちに安全保障理事会に報告しなければならない。（以下略）

以上に見るように、国連の基本原則は平和的手段による解決であり、最後の手段としての軍事的措置は、安保理事会による措置と、実際に武力攻撃が発生した後、安保理事会が必要な措置をとるまでの間の自衛権の行使と、この二つの場合しか認められていません。

なおブッシュ米大統領は、「イラクの民主化」をイラク攻撃の目的に挙げましたが、他国の内政に対する介入は国連憲章第二条で禁じられているほか、次の「友好関係宣言」でも国際法違反とされています。なおこの「宣言」は、正式には「国際連合憲章にしたがった諸国家間の友好関係と協力に関する国際法の諸原則についての宣言」といい、国連憲章の現代的解釈を示したものといいます。

《友好関係宣言》（一九七〇年一〇月、国連総会決議）

いかなる国家または国家の集団も、直接または間接に、理由のいかんを問わず、他の国家の国内または対外の事項に干渉する権利を有しない。したがって、国家の人格またはその政治的、経済的および文化的要素にたいする、武力干渉およびその他すべての形の介入もしくは威嚇の試みは、国際法に違反する。

いかなる国家も、他の国家の主権的権利の行使を自国に従属させ、またその国家から何らかの利益を得るために、経済的、政治的もしくはその他いかなる形であれ他国を強制する措置の使用または使用の奨励をしてはならない。また、いかなる国家も、他の国家の政権の暴力による転覆を目的とする、破壊活動、テロ活動または武力活動を、組織し、援助を与え、あおり、資金を与え、扇動し、もしくは許容してはならず、または他の国家の内戦に介入してはならない。

国連憲章の原則の尊重は、米国と日本も認めています。日米安保条約の第一条で、国際紛争の平和的手段による解決と、武力による威嚇、武力の行使を慎むことを約束しあっているのです。しかしブッシュ政権はこの約束をあっさり破り、小泉首相はその約束破りにいち早く支持を表明したのでした。

《日米安保条約》（一九六〇年六月二三日、効力発生）

第一条　締約国は、国際連合憲章に定めるところに従い、それぞれが関係することのある国際紛争を平和的手段によって国際の平和及び安全並びに正義を危うくしないように解決し、並びにそれぞれの国際関係において、武力による威嚇又は武力の行使を、いかなる国の国土保全又は政治的独立に対するものも、また、国際連合の目的と両立しない他のいかなる方法によるものも慎むことを約束する。

〝属国〟の国民と愛国心（〇三年四月）

四月九日、米軍はバグダッドを制圧、イラク戦争は終息に向かった。砲爆撃による破壊と流血がやんだのにはホッとする。だが、心はナマリを呑《の》んだように重い。

先月のこの欄で書いたように、今度の戦争は軍事超大国が一方的にしかけた無法な戦争だった。世界中が見守る中で、国際法の最高法規である国連憲章が踏みにじられ、正義が投げ捨てられた。

違法・不正がまかり通るとともに、偽善もまかり通った。米国はこの戦争を「イラクの自由」作戦と名づけ、首都にミサイルを撃ち込んで無辜《むこ》の市民を殺戮しながら、「イラク国民の解放」「イラクの民主化」のためだとうそぶいたのだ。偽善というほかない。

米国によるイラク戦争は、違法・不正と偽善という二重の汚点をもつ戦争となった。

憂鬱の原因は、これだけではない。この二重の汚点をもつ戦争に、私たちの国の首相はいち早く「支持」を表明したのだ。

米国のイラク攻撃をめぐって、国連安全保障理事会でせめぎあいがつづいていた三月中旬、小泉首相は「国際協調と日米同盟の両立をはかる」とくり返していた。

しかし、攻撃を急ぐ米英両国と、それを止めようとするフランス、ドイツ、ロシアなどとの対立は深まるばかり。また非同盟諸国の求めで開かれた安保理の公開討議でも、武力行使を支持した一五カ国に対し、四〇カ国が反対あるいは平和解決を表明し、米国と国際社会との亀裂は決定的となり、「米国支持と国際協調の両立」は絶望的となる。野党党首との討論でその点を突っ込まれた首相は、米国が武力行使に踏み切った「その時点で考える」「その場の雰囲気で決める」とはぐらかしていた。

しかし三月一八日、ブッシュ米大統領がイラクに最後通告を突きつけると、小泉首相は「やむを得ない決断だったと思う」と米国支持を表明、さらに二〇日、米国がイラク攻撃を開始すると、ただちに記者会見を開き、改めて米国支持を表明した。重ねての支持表明は、「米国の同盟国として、この時点でできる最大限の『精神的支援』を示すため」だった（朝日新聞、03・3・20夕刊）。

同日、韓国もまた就任一カ月の新大統領・盧武鉉《ノムヒョン》大統領が米国支持を表明、二一日には臨時閣議を開き、建設工兵部隊と医療支援団の派兵を決めた。

しかし国内で反戦の世論がうずまく中、かんじんの与党の新千年民主党内に派兵反対の声が強く、派兵同意案を採決するための国会は二度にわたって延期、四月二日の国会でようやく採決される。その国会で大統領はこう訴えた。

「多くの議員、国民が派兵に反対している。最大の理由は、イラク戦争には大義名分がないということだ」「しかし、この朝鮮半島での戦争だけは何としても避けなければならない。今は大義名分より米国との同盟関係を重視することの方が、北の核問題の平和的解決にはずっと助けになる」

韓国と北朝鮮は、三八度線をはさんで砲口を向け合っている。事実これまで、何度も銃撃戦を交わし、死者も出してきた。戦争になれば三八度線にほど近いソウルはまちがいなく〝火の海〟になる。北の暴走を抑止するためにも、また米国が北を〝第二のイラク〟とする事態を回避するためにも、今は米国を支持するほかはないのだと、盧大統領は涙をのんで訴えたのだろう。大統領を古くから知る人はこう話したそうだ。

「盧は心で泣いているはずだ。原則を曲げない一貫性こそが魅力だったのに」（朝日新聞、03・4・6付）

盧大統領の場合は文字通り〝苦渋の選択〟だったろう。しかし、私たちの首相からは苦渋は伝わってこない。国民への説明も説得もない。なぜか。日本の政府・与党にとって、米国支持は既定の方針で他に選択肢はないからだ。

そのことを、元防衛庁長官で現在は自民党政調会長代理をつとめる久間章生《きゅうまふみお》氏が率直に語っている。イラク問題でのインタビュー記事だ（朝日、03・2・14付）。

記者の、安保理の新決議がない場合も、日本は米国の武力行使を「理解」するしかないのでしょうか、という質問に対して、久間氏はあっけらかんと答えるのだ。

「しょうがないんじゃないの。日本は米国の何番目かの州みたいなものだから」

〝属国〟という言葉が浮かぶ。テレビのニュース23に出た後藤田正晴・元自民党副総裁も米国の「保護国」と自嘲していた。そうか。私たちは〝属国〟の民なのだ。

ところで、米国がイラク攻撃を開始した三月二〇日、中央教育審議会（中教審）による教育基本法改正の答申が発表された。教育基本法はこの国の教育の理念と規範を示した、いわば〝教育の憲法〟ともいうべきものだ。その〝憲法〟を変えようというのだから、これは重大かつ決定的な変更となる。

ところが、答申はきわめて観念的・抽象的で、要領を得ない。一つはっきりしているのは、「新たに規定する理念」として「日本の伝統・文化の尊重、郷土や国を愛する心と国際社会の一員としての意識の涵養《かんよう》」、ひと言でいえば「愛国心の涵養」が盛り込まれていることだ。

愛国心。この半世紀、それは日本の教育政策の最大の問題点だった。四年前の「国旗・国歌法」の成立で、それは分水嶺を越えた。そしていま、儀式での「日の丸掲揚・君が代斉唱」完全実施の実績に立ち、ついに〝教育の憲法〟の中に愛国心教育の柱を立てようというのだ。

しかし、現実の日本は、すでに見たように米国の〝属国〟でしかない。戦争を否定し、武力行使を禁じた憲法の下にありながら、違法・不正の戦争にいち早く支持を表明するような〝属国〟の子どもたちに、中教審はいったいどんな愛国心を持てというのだろうか。

北朝鮮「不審船」の正体（〇三年六月）

この六月六日、有事関連三法が参議院を通過、成立した。賛成9割だった衆議院と同様、参院も圧倒的多数による賛成だった。

防衛庁内での有事立法の公式研究は、一九七八年の栗栖《くりす》弘臣《ひろおみ》・統合幕僚会議議長の「超法規」発言をきっかけに始まった。その栗栖・元統幕議長が、有事三法が成立した六日、毎日新聞でこう語っていた（03・6・6夕刊）。

〈26年ほどかかって、やっとここまで来たかという気持ちだ。これまで国民、マスコミ、政治がそっぽを向いていたが、北朝鮮の工作船やミサイル問題という外圧で、目が覚めた。……〉

その発言によって統幕議長を解任された当年八三歳の栗栖氏としては、まさに感無量だったろう。自分の発言の〝正当性〟が、二六年をへてついに公認されたのだから。そして「やっとここまで来た」のは、「北朝鮮の工作船やミサイル問題」が国民の目を覚まさせてくれたからだ、と栗栖氏はいう。

では、「北朝鮮の工作船」とは一体どういうものだったのか。本当に有事法制の整備を必要とするものだったのだろうか。

さる五月、『海上保安レポート２００３』が公刊された。いわば海上保安庁の白書だ。その中に、一昨年一二月二二日に発生した「九州南西海域における工作船事件」の公式の捜査報告が発表されている。

事件は同日午前1時過ぎ、海上保安庁が防衛庁から不審船の情報を入手したことから始まる。午前6時過ぎ、保安庁の航空機が同船を確認、12時過ぎ、巡視船「いなさ」が現場に到着、停戦を命じるが同船は応じず逃走を継続。「いなさ」は20ミリ機関砲でまず威嚇射撃、つづいて船体射撃を加えるが停船しない。17時、駆けつけた巡視船「みずき」が20ミリ機関砲で威嚇の船体射撃、同船から出火する。18時、鎮火した同船は再び逃走を開始、以後、停船、逃走をくりかえす。

この後22時、支援に駆けつけた巡視船「あまみ」「きりしま」が同船を挟撃（接舷）、これに対し同船から反撃、「あまみ」「きりしま」「いなさ」が被弾、海上保安官三名が負傷する。このため「あまみ」続いて「いなさ」が正当防衛で同船を攻撃、22時過ぎ、同船は自爆により爆発沈没、乗組員一〇名は全員死亡した。

以上の経過を見てもわかるとおり、この砲撃戦は、工作船一隻に対し、巡視船四隻による停船劇にほかならない。

このあと工作船は水深九〇メートルの海底から引き揚げられたが、回収された一〇三二点の証拠物を調べた結果「以前から九州周辺海域を活動区域として、覚せい剤の運搬及び受け渡しのために行動していた疑いが濃厚です」と海上保安庁は結論づけた。不審船は北朝鮮の麻薬密輸船だったのだ。

じっさい、この『海上保安庁レポート』には、「最近の主な薬物・銃器事犯摘発の状況」として九九年から〇二年までの薬物と銃器の密輸の摘発状況が地図入りで報告されている（次ページの図参照）。よく見ればわかるように、銃器はわずかで、薬物が圧倒的に多い。

それを裏付けるように、五月二〇日、アメリカ上院政府活動委員会の小委員会が行った公聴会での北朝鮮の元高官の証言が報道された（朝日新聞、03・5・21夕刊）。自らも麻薬の密売にかかわった元高官は、こう証言したという。

〈「北朝鮮は世界で唯一、麻薬の生産と密輸を国策事業にしている国家」であり、「主要な市場は日本」である。「北朝鮮が国家ぐるみでケシの栽培に乗り出したのは七〇年代後半」で、その理由は「金日成が現金を必要としたからだ」。ケシは山岳地帯で栽培され、厳重に警備された施設でアヘンに精製後、政府の直轄工場で生産された。〉

99〜02年の薬物の摘発状況——『海上保安レポート・2003』より

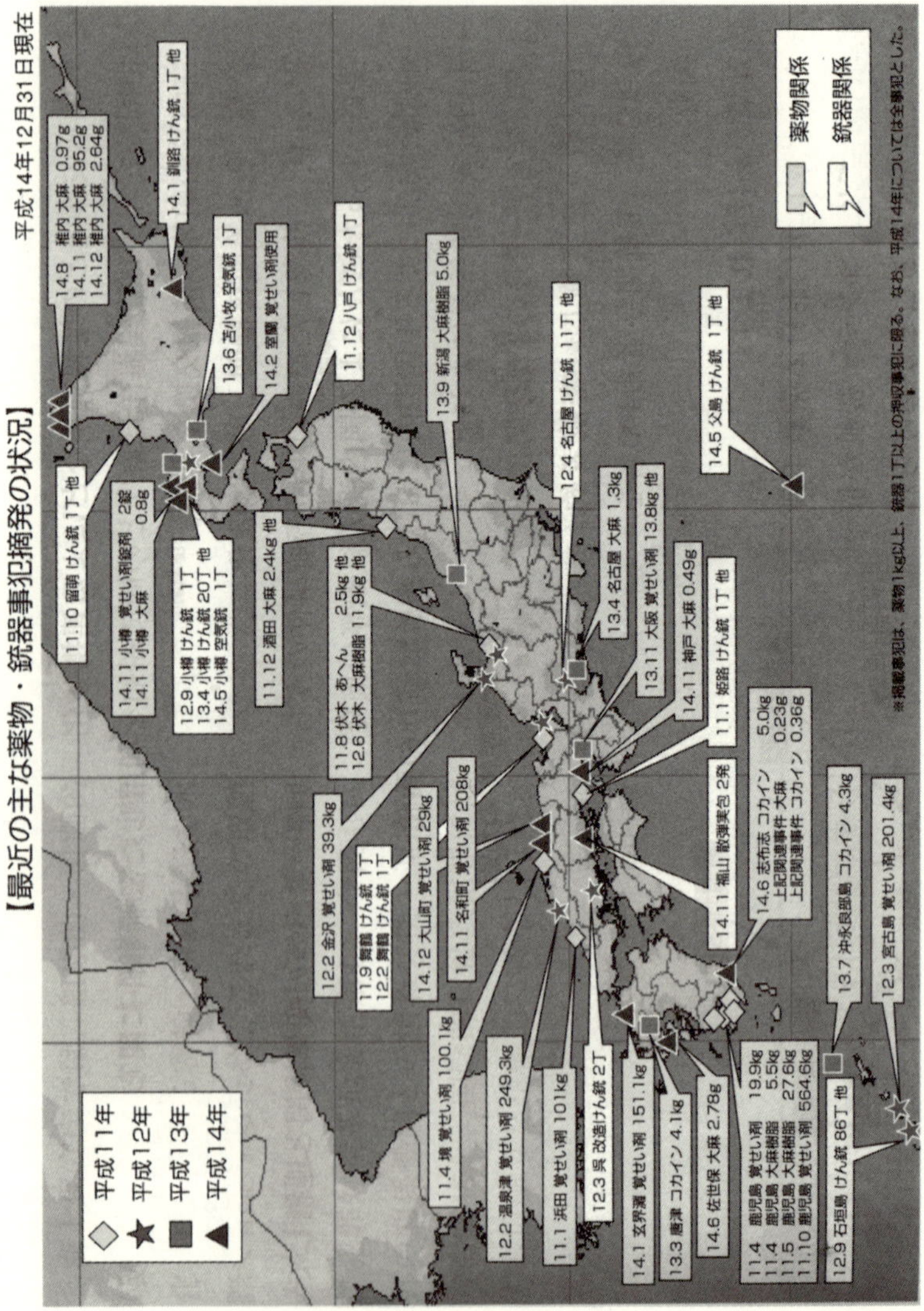
【最近の主な薬物・銃器事犯摘発の状況】
平成14年12月31日現在
平成11年
平成12年
平成13年
平成14年
14.8 稚内 大麻 0.97g
14.11 稚内 大麻 95.2g
14.12 稚内 大麻 2.64g
11.10 留萌 けん銃 1丁 他
14.11 小樽 覚せい剤錠剤 2錠
14.11 小樽 大麻 0.8g
14.1 釧路 けん銃 1丁 他
12.9 小樽 けん銃 1丁
13.4 小樽 けん銃 20丁 他
14.5 小樽 空気銃 1丁
13.6 苫小牧 空気銃 1丁
14.2 室蘭 覚せい剤使用
11.12 酒田 大麻 2.4kg 他
11.12 八戸 けん銃 1丁
12.2 金沢 覚せい剤 39.3kg
11.8 伏木 あへん 2.5kg 他
12.6 伏木 大麻樹脂 11.9kg 他
11.9 舞鶴 けん銃 1丁
12.2 舞鶴 けん銃 1丁
14.12 大山町 覚せい剤 29kg
13.9 新潟 大麻樹脂 5.0kg
11.4 境 覚せい剤 100.1kg
14.11 名和町 覚せい剤 208kg
12.2 温泉津 覚せい剤 249.3kg
11.1 浜田 覚せい剤 101kg
12.4 名古屋 けん銃 11丁 他
12.3 呉 改造けん銃 2丁
13.4 名古屋 大麻 1.3kg
14.1 玄界灘 覚せい剤 151.1kg
13.11 大阪 覚せい剤 13.8kg 他
13.3 唐津 コカイン 4.1kg
14.11 神戸 大麻 0.49g
14.6 佐世保 大麻 2.78g
14.11 福山 散弾実包 2発
11.1 姫路 けん銃 1丁 他
14.5 父島 けん銃 1丁 他
11.4 鹿児島 覚せい剤 19.9kg
11.4 鹿児島 大麻樹脂 5.5kg
11.5 鹿児島 大麻樹脂 27.6kg
11.10 鹿児島 覚せい剤 564.6kg
14.6 志布志 コカイン 5.0kg
上記関連事件 大麻 0.23g
上記関連事件 コカイン 0.36g
薬物関係
銃器関係
12.9 石垣島 けん銃 86丁 他
13.7 沖永良部島 コカイン 4.3kg
12.3 宮古島 覚せい剤 201.4kg
※掲載事犯は、薬物1kg以上、銃器1丁以上の押収事犯に限る。なお、平成14年については全事犯とした。

また「麻薬は中国との国境で1キロあたり1万ドル、黄海や日本海での洋上取引では1万5千ドルで売買」していたという。

国策としての麻薬密売であれば、それは最大の国家機密であり、拿捕《だほ》が免れないとわかったとき自爆自沈したのもうなずける。

ところで先の『レポート』には「海上保安庁が確認した過去の不審船・工作船事例」が報告されている。それを見ると、日本海沿岸、九州南西沖を中心に、遠く一九六三年以来、断続的に二一件の事例が挙げられている。それなのに、ここへきてなぜにわかに〝不審船の脅威〟があおりたてられたのか。有事法を通すための世論操作という疑惑の霧は、限りなく深い。

やっぱり石油だった（〇三年八月）

「ノー・ブラッド・フォア・オイル（石油のために血を流すな）」

昨年一〇月号のこの欄でも紹介したが（一七五ページ）、昨年秋から今年春にかけて欧米を中心に広がったイラク反戦運動で掲げられたスローガンの一つだ。米英軍のバグダッド制圧から四カ月、〝イラクの石油〟はいまどうなっているだろうか。

米英軍のイラク占領開始からまもない五月二四日の朝日新聞に、キルクーク発の武石英史郎記者の記事が載った。イラクの北部キルクーク周辺は、南部のバスラ周辺と並ぶイラクの二大油田地帯だ。

そのキルクークに、米国人技術者一五人あまりが米兵に守られて油田調査に入っているという。技術者たちは、イラク攻撃に積極的だったチェイニー米副大統領が経営者だったエネルギー大手のハリバートン社の子会社、ＫＢＲの社員たちだという。調査スタッフの責任者は、設備の老朽化を指摘しながらも、油田そのものについては「こんな未開拓地は世界にほとんどない」と絶賛したという。

記事にはキルクークの石油施設の門を警備する米兵の写真が添えられていたが、一カ月後の六月二〇日の記事で武石記者は、技術者たちが宿泊するホテルと市庁舎は土嚢《どのう》と鉄条網で囲まれ、市民は近づけなくなったと伝えていた。

このようにイラクの石油はいま米英軍の管理下にある。しかし米英によるイラク攻撃は、国連安全保障理事会の多数意見を押し切り、国際法を無視して強行したものだ。当然、米英軍のイラク占領にも正当性・合法性はない。

そこで五月九日、米英は国連安保理の非公式会合で「対イラク経済制裁解除決議案」を提案した。

イラクに対する経済制裁は、湾岸戦争後の九一年、安保理の決議で実施されたが、イラクは食糧の多くを輸入に頼っているため、九六年、その一部が緩和され、食糧や医薬品など人道物資に限定しての輸入と、その代金支払いのための石油の輸出を認めることになった。「石油・食糧交換計画」という。そしてその石油輸出による資金は国連が管理していた。

米英の「制裁解除決議案」は、この石油輸出の管理権を、国連から米英の手に移すというものだ。当然、フランス、ロシア、ドイツなどは反対したが、多くの修正をへて五月二二日、決議案は採択された。骨子はこういうものだ。

▼米英は占領国として統一司令部（「当局」と称する）を設ける。

▼復興のためイラク開発基金を設け、石油輸出の収益などを含め「当局」の管理下で運用する。

▼「当局」はイラクに暫定統治機構ができるのを支援するが、国民を代表する政府が樹立されるまでは「当局」が責任を負う。

こうして、米英がイラクの石油事業を掌握し、暫定政権（当然、親米英政権となる）の樹立を主導することが〝合法化〟された。

この後六月中旬、今度はイランの核開発が問題となる。国際原子力機関（ＩＡＥＡ）が発表した報告書で、イランが一二年前の中国からの天然ウラン輸入の報告義務を怠り、またプルトニウムの製造が比較的容易な重水炉の建設を計画中であることなどが明らかにされたのだ。

これに対しイランは、天然ウランの輸入は「申告漏れ」で、重水炉も先進国の技術援助が得られない中での選択肢の一つと答えている。しかし米国は「イランは明らかに核計画を持っている」「核不拡散への重大な挑戦だ」としてきびしい対決姿勢を見せた。

ブッシュ政権はイランを、崩壊前のイラク、北朝鮮と並べ「悪の枢軸《すうじく》」と非難してきた。七月にはそのイランの「核開発疑惑」が日本にも飛び火する。

二〇〇〇年一一月、来日したイランのハタミ大統領と当時の森首相との間でアザデガン油田開発の優先交渉権を日本企業に与えることが合意された。中東でも最大級の油田だ。以後、日本政府は石油政策の中心課題として交渉をすすめてきたが、そこへ突然、米国がイランの「核開発疑惑」を理由に、待ったをかけてきたのだ。

イランの油田を取るか、米国との友好を取るか――新聞はそれを日本への「踏み絵」と表現した。朝日新聞の船橋洋一記者は週一回、国際政治のコラム「日本＠世界」を連載している。その七月一七日の記事に次の一文があった。

「米国内からは、日本にイラン・アザデガン石油開発をあきらめさせる代わりにイラク石油を優先配分するとの案も聞かれる。……真のねらいはこのイライラ・スワップかもしれない」

埋蔵量世界第二位のイラクの石油は、すでに米国の支配下にある。イラク戦争の目的は――やっぱり石油だったと言うしかない。

ミサイル防衛とヘリ空母（〇三年九月）

防衛庁がついにミサイル防衛の本格的な導入にとりかかった。ミサイル防衛（ＭＤ＝ミサイル・ディフェンス）とは、飛んできた敵のミサイルを味方のミサイルで撃ち落とすシステムのことだ。

防衛庁はすでに九九年から米国とその共同技術研究をすすめてきたが、それに投じられた予算は五年間で一五六億円だった。それに対してこの八月末、防衛庁が要求した来年度のミサイル防衛のための予算額は一四二三億円、これまでとはケタちがいの予算規模だ。

どうしてこうなったのか。背景の一つに、今年五月の日米首脳会談がある。そこで小泉首相は、ブッシュ大統領に対し、ブッシュ政権が軍事政策の最重要課題としているミサイル防衛について、日本もその導入の検討を「加速していく」と表明したのだ。

ミサイル防衛はしかし、技術的には不可能に近いほど困難だ。

ここでいうミサイルは弾道ミサイルをさすが、それはまず発射の後ロケット・エンジンで推進（ブースト＝初期噴射段階）、数分で大気圏外（宇宙）へ飛び出し、後は慣性によって宇宙空間を飛行し（ミッドコース段階）、目標へ近づいたところで再び大気圏に突入（再突入段階）、爆発するというものだ。

ミサイル防衛はこの三つの段階で敵ミサイルを捕捉することをめざす。まずブースト段階。この段階ではミサイルの速度は遅い。といっても、大気圏を飛び出すころには秒速六・七キロ（音速の20倍だ！）、しかもこの間、三分から五分しかない。この数分間に発射時の赤外線をセンサー衛星（軍事衛星）でとらえ、飛行コースを割り出し。迎え撃つミサイルを発射しなくてはならないのだ。

次にミッドコース。真空の宇宙空間を飛ぶ弾道ミサイルの速度は秒速七キロに達する。文字通り目にも止まらぬこの飛行物体に、やはり音速の二〇倍の迎撃ミサイルをぶつけようというのが、ミサイル防衛なのである。

最後の再突入段階。ここでは空気抵抗のためミサイルの速度は落ちる。それでも秒速九〇〇メートル（音速の約三倍）、しかも時間はわずか一分しかない。この一分間に味方のミサイルを命中させなくてはならない。

ミサイル防衛をさして「小銃で小銃の弾丸を撃ち落とす」という比喩が使われるが、実態はそれよりもずっと困難なのだ。

防衛庁が計画しているミサイル防衛の一つは、イージス艦を使って、ミッドコースでの迎撃をねらうものだ。そのため現在四隻保有しているイージス艦を改修し、迎撃用の最新鋭スタンダードミサイル３（ＳＭ３）を配備することになる。

もう一つの計画は、航空自衛隊の高射部隊が備えている対航空機用のミサイル、パトリオットＰＡＣ２を、対ミサイル用のＰＡＣ３に取りかえ、再突入段階の敵ミサイルをこれで迎え撃とうというものだ。

ＳＭ３、ＰＡＣ３ともに米国製で、米軍は〇四年度にＳＭ３を、〇五年度にＰＡＣ３を制式化する。その同じ兵器を日本は米国から購入し、同じシステムで使うわけである。

ミサイル防衛は、遠くは八〇年代のレーガン大統領のＳＤＩ（戦略防衛構想。「スターウォーズ」と呼ばれた）から始まった。クリントン大統領時代にも研究開発がすすめられたが、それを軍事政策の正面課題にすえなおしたのは、現在のブッシュ政権だ。二〇〇二年六月、ブッシュ政権は一九七二年に米国と旧ソ連の間で結ばれたＡＢＭ（対弾道ミサイルシステム）制限条約から一方的に脱退、同条約は破棄された。ＡＢＭ条約は、ミサイル防衛システムの開発を禁止することによって際限のない核開発競争に歯止めをかけたものだ。ＡＢＭ条約を破棄したということは、その歯止めを取っ払って米国が再び底なしの核軍拡競争に突入したことを意味する。

防衛庁は、ミサイル防衛は「純粋に防衛的なシステムであり、専守防衛の政策に適する」といっている。本当にそうだろうか。

たとえば中国が保有するＩＣＢＭ（大陸間弾道ミサイル）で、太平洋を越え米大陸に到達できるのは二〇発程度といわれている。米国がもしかりにミサイル防衛を実現すれば、この二〇発は阻止できることになり、中国の戦略抑止力は無力化される。そこで中国が抑止力を維持するには、さらに数十発、数百発のＩＣＢＭが必要になる。こうしてミサイル防衛は、世界を再び、愚かで危険な核軍拡競争に巻きこんでゆく。

杞憂ではない。さる九月三日、中国を訪れた石破防衛庁長官に対し、曹剛川・中国国防相はこう述べて強い懸念を表明した。

「日本のミサイル防衛導入については、世界の戦略的バランスが崩れ、新たな軍事競争の

恐れがある」（朝日新聞、03・9・4）

防衛庁の来年度予算要求にはもう一つ、見逃せない問題がある。ヘリ空母の導入だ。防衛庁ではこれをヘリコプター搭載護衛艦といっている。しかし基準排水量は一万三五〇〇トン、現在のヘリ搭載護衛艦（五千トン）の三倍近く、イージス艦に比べても二倍近くある。しかも全長一九五メートルの上甲板《かんぱん》は真っ平らの飛行甲板になっており、空母と変わりはない。搭載できるヘリも四倍以上、将来は垂直離着陸も使える。同じヘリ搭載護衛艦といっても、実体はまるで違うのだ。

これが出来れば、東アジア最大の軍艦となる。「専守防衛」を基本方針とする日本の自衛隊が、どうしてこのようなヘリ空母を必要とするのか、国民にちゃんとした説明もないまま、軍事力依存症のブッシュ政権の後に追従して、日本の軍拡がすすんでいる。

地に落ちた戦争の「大義」（〇三年一〇月）

戦争への歯止めが次々と突き崩されていくなか、今年五、六月、宮城県で行われた高校生の意識調査の結果にはホッとする思いだった。

イラク戦争は支持できないという人が全体で五八%、女子では六四%にもなるのだ。調査を行った先生たちも、「こちらが考えていたより関心が高く、意見を持っていて驚きました」「不支持の生徒が多かったのは『さすが若者』という感じでしたね。勉強嫌いの学校ですが、結構関心が高く、見直しました」と述べている。

ユネスコ憲章の前文の冒頭は、次の有名な言葉で始まる。

「戦争は人の心の中で生まれるものであるから、人の心の中に平和のとりでを築かなければならない」

この「心の中の平和のとりで」をより堅固なものにしてゆくためには、権力者の欺瞞やウソを事実にもとづいて見抜き、打ち破る力をつちかうことが必要だ。そこで今月は、この七月から一〇月初旬にかけ報道された事実から、イラク戦争を振り返ってみよう。

アメリカのブッシュ大統領やイギリスのブレア首相がイラク攻撃の「大義」として掲げたのは、サダム・フセイン大統領が隠し持っているという大量破壊兵器だった。「悪の枢《すう》軸《じく》」イラクの大量破壊兵器そのものが危険な上に、もしそれがテロリスト集団の手に渡ったら、世界はどんな悲劇に見舞われるかも知れない、というのが米英両国の主張だった。

国連もその主張を受け入れ、〇二年一一月、国連監視検証査察委員会がつくられて、四年ぶりに査察を再開することになった。イラクも、査察の無条件受け入れを表明し、査察団がイラク国内に入った。

しかし米英は、査察では事態は解決しないと主張し、査察団の責任者が公式の場で「あと数カ月で明確な結論が出る」と言明したにもかかわらず、安全保障理事会で多数の反対を押し切り、国連憲章をも踏み破って、三月二〇日、イラクへの攻撃を開始したのだった。

ハイテク兵器の総動員による圧倒的戦力で、米英軍は容易に勝利をおさめ、五月一日、ブッシュ大統領は戦闘終結を宣言する。

ところがまもなく、まずイギリスから〝権力者のウソ〟がほころびはじめる。前年九月、イギリス政府はイラクの大量破壊兵器の脅威を訴えた文書を発表するが、その中に「イラクは45分以内に化学・生物兵器を実戦配備できる」という文言があった。その後もブレア首相は演説の中でしばしばそれを引用し、「45分の脅威」はイギリスがイラク戦争に突入してゆくキーワードになった。

しかし今年五月、英国の公共放送ＢＢＣが、その言葉は、実は政府が情報機関の反対を押し切って世論操作のために挿入したものだと伝える。疑惑の黒い霧がブレア政権を包み、その中で国防大臣の口から名前が洩れた国防省顧問のＤ・ケリー博士が自殺する。

その後、議会の情報安全委員会がこの問題を調査したが、九月一一日、「45分情報」は一般の兵器についてのもので大量破壊兵器に関するものではなかったと結果を発表、国防大臣を名指しで批判した。ウソはこうして明白になった。

イラクの大量破壊兵器についての情報操作は米国でも問題になる。

昨年二月、アフリカ西岸の国ガボンに駐在するウィルソン米国大使は、CIA（米中央情報局）の依頼を受け、イラクがアフリカ北部の国ニジェールからウランを購入するという合意文書の真偽を確かめるためニジェールに入り現地調査を行った。結果は「その可能性はきわめて疑わしい」だった。

ところが今年一月、ブッシュ大統領が一般教書演説で「英政府によると、イラクはアフリカから大量のウランを購入しようとした」と述べるのを聞き、ウィルソン氏は自分の調査結果が無視されたのを知る。そこで今年七月六日付のニューヨーク・タイムズ紙に寄稿し、「ブッシュ政権はイラクの脅威を誇張するため、核兵器開発に関する情報をねじまげたとしか考えられない」と告発した。

その報復として、ホワイトハウスの高官二人が、ウィルソン氏の夫人は実はCIAの工作員だったと洩らし、それを保守派の大物コラムニストがワシントン・ポスト紙で暴露する。工作員の身許を明かすのは、連邦情報保護法違反の大罪となる。問題の高官は誰か。一〇月初旬、米政権は揺れている。

イラクの大量破壊兵器疑惑はいよいよ薄れていく一方だ。国連監視検証査察委員会の委員長だったブリクス氏も、オーストラリア公共放送ABCで九月一七日、「私はイラクが大量破壊兵器のほとんどを九一年の夏（湾岸戦争のすぐ後）に廃棄したとの確信をますます強めている」と語っている。

アメリカ政府自身も、CIA顧問のデビッド・ケイ氏を団長とする調査団が一四〇〇人もの専門家や兵士を動員して探索を続けているが、大量破壊兵器の影さえも見えない。

そうした中、ブッシュ政権は今年三月、七四七億ドルの補正予算を要求したのにつづき、九月には次年度補正予算として八七〇億ドル（約一〇兆円）を要求した。この結果、米国の財政赤字は〇四会計年度で四八〇〇億ドル（約五三兆円）に達し、二年連続で過去最大赤字を更新する見通しだ。権力者の欺瞞のツケは重い。

【追記】

「イラクに大量破壊兵器はなかった」という事実は、〇四年一月二三日のデビッド・ケイ米調査団団長の辞任と証言によって決定的となりました。ケイ氏は、大学教授、国務省をへて、湾岸戦争後から国際原子力機関や国連の査察チームの団長としてイラクの核疑惑の調査に当たってきた経歴の持ち主ですが、今回のイラク戦争での「戦闘終結宣言」の後、〇三年六月、米国の大量破壊兵器調査団の団長（CIA特別顧問）に任命され、約七カ月間、調査に当たってきました。調査団は、CIAや国防総省の分析官など一四〇〇人で構成されていましたが、大量破壊兵器を見つけることはできなかったのです。

ケイ氏は一月二八日、米上院軍事委員会の公聴会で七カ月間の調査について証言しましたが、そこで次のように言い切っています。

「イラクが〇二年の段階で生物・化学兵器を備蓄していたことを証明する証拠は何も見つけられなかった。少量の備蓄を持つ能力があったとの証拠は得たが、備蓄そのものの証拠は見つけることができなかった」

一方、英国では、〇三年八月に発足した独立司法調査委員会（委員長、ハットン判事）の調査報告が〇四年一月二八日に発表されました。報告は、「45分の脅威」について、イラクの脅威を強調したいというブレア首相の意向が潜在的に働いたとしても、誤りと知りつつ情報を誇張したとまではいえない、として、BBCの報道は根拠を欠いていた、と判定しました。その結果、BBCのデービス経営委員長が辞任、ブレア首相は窮地を脱しましたが、しかしイラクに大量破壊兵器がなかったことが明らかとなったいま、「45分の脅威」が根も葉もないウソだったという事実は消せません。

なお日本では、ケイ前団長の議会証言があった後も、小泉首相は「イラクに大量破壊兵器がないとは断定できないでしょう」と主張しつづけています。

イラク戦争と日中戦争（〇三年一一月）

アメリカの占領行政下、イラクの情勢は泥沼化する一方だ。一一月二日、一五日には米軍のヘリが撃墜され、一二日にはイタリア軍の駐屯地が自爆攻撃を受けた。イラク駐留米軍のサンチェス司令官も一一月一一日、イラクの状況は「戦争」にほかならないと明言した。何とも言いようのない事態だが、アメリカの占領行政が続く限り、この戦争状態も続くだろう。

アメリカがイラクに占領行政をしくに当たって、第二次大戦後のアメリカの日本占領政策が引き合いに出されたことがあった。

一九四一年一二月から四五年八月まで、日米両軍は太平洋を主戦場に死力をつくして戦った。日本では小学生までが「鬼畜米英」への敵愾《てきがい》心を燃え立たせていた。

しかし、天皇の「玉音放送」で無条件降伏を知らされた後は、一転してアメリカ占領軍を受け入れる。アメリカは戦後日本の民主的な制度改革を指導するとともに、飢えた日本に食糧を援助し、経済復興を支援した。その結果、日本はアメリカにとって最も従順で忠実な同盟国となった。

このように、イラクでも独裁者フセインを倒したあと「自由と民主主義」を与えてやれば、イラク国民は喜んでアメリカを受け入れるだろうと考えたわけだ。

しかし、現実はそうならなかった。六〇年前の日本と今日のイラクの場合とではどこが決定的に異なるのか、興味深い問題だが、それはおくとして、もしアメリカが〝日本モデル〟を参考にするとすれば、戦勝後の占領行政ではなく、それより少し前の日中戦争での日本ではなかったかと、私は思う。

一九三七(昭和12)年七月七日、北京郊外で演習中の日本軍と中国軍が接触、小規模の戦闘が起こる。盧溝橋事件である。

しかし、ここからすぐに日中全面戦争に突入していったわけではない。事件の四日後には、北京の現地で日中両軍の間で停戦協定が成立しているのである。

ところが陸軍の主流を占めるタカ派は、この協定を無視して中国への派兵を主張、それに押されて近衛《このえ》内閣は派兵を決定する。

これに対し中国国民党政府の蒋介石主席は「最後の関頭《かんとう》に立ち至らば徹底的犠牲、徹底的抗戦により全民族の生命を賭《と》して国家の存続を求むべきなり」という談話を発表、中国共産党もまた全面抗戦の宣言を発表する。

こうして双方の緊張が高まる中、事件から三週間をへた七月二八日、小さな衝突事件を口実に日本軍は中国軍への総攻撃を開始する。

一方、上海《シャンハイ》では海軍が動き出す。八月に入り、海軍の要請で陸軍の派兵が決まり、激しい戦闘が始まる。三カ月の激戦で上海周辺を制圧した日本軍は、さらに長江をさかのぼり、当時の中国の首都だった南京《ナンキン》へと向かい、一二月、南京大虐殺を引き起こす。

以上が日中戦争の最初の半年間の経過である。中国にとっては完全に受身の防衛戦だったとして、日本には中国軍を攻撃するどんな「大義」があったのだろうか。

「大義」は、なかった。開戦の翌八月一五日、近衛内閣は次のような政府声明を発表する。

「(大日本)帝国としてはもはや隠忍《いんにん》その限度に達し、支那(中国)軍の暴戻《ぼうれい》を膺懲《ようちよう》し以《もっ》て南京政府の反省を促すため今や断乎《だんこ》たる措置をとるのやむなきに至れり」

暴戻《ぼうれい》とは、乱暴で道理にそむくことをいう。膺懲《ようちよう》とは、打ちこらしめること。つまり、乱暴で始末におえない中国軍をこらしめて、中国政府に反省をうながすため、この戦争を始めた、といっているのである。言いがかり、難クセとしかいいようがない。

では、日本軍はどうしてこのようにカサにかかって中国軍に攻撃をしかけたのだろうか。最大の理由は、中国と中国軍に対するあなどりがあり、一撃すれば簡単に屈伏するだろうという甘い判断があったからである。

しかし、現実はそうならなかった。盧溝橋から南京占領までは日本軍は中国軍を圧倒したが、その後は広大な中国大陸で点（都市）と線を持ちこたえるだけとなる。とくに華北では中国共産党のゲリラ戦に苦しめられた。

三七年七月の日中戦争開始から四五年八月の第二次大戦の終結までの八年間、日本は「満州」を含む中国大陸におよそ百万人の軍隊を配備しつづけた。これが日本の経済にとってどんなに重い負担であったか計り知れない。日本の侵略戦争の第一の被害者はもちろん中国の人々だが、戦争は日本国民をも痛めつけたのである。しかも最後は敗戦で終わった。

「大義」もないまま、相手の国に踏み込んでの侵略戦争、相手を見くびり、一撃で相手を屈伏させ得るという自己への過信と傲慢。日中戦争へ突き進んでいった当時の日本の軍と政府の姿は、今のアメリカのブッシュ政権にぴったり重なる。

かつての日本軍が都市を占領した後、ゲリラに苦しめられたように、米軍もまたバグダッド制圧後、ゲリラに苦しめられている。

そうしたゲリラを当時の日本軍は「匪賊《ひぞく》」と呼んだが、ヨーロッパではナチス・ドイツの占領軍・侵略軍に対する抵抗をレジスタンスあるいはパルチザンと呼んだ。現在のイラクでの流血・破壊活動も、歴史の文脈で見ればその系譜に属するのではないか。

八年にわたる日本軍の侵略をはねかえしたのは、中国人の民族的な誇りにつらぬかれたナショナリズムである。同様の民族的誇りは、イラク人の血にも脈々と流れているだろう。占領行政がつづく限り、抵抗はつづく。イラクの主権はイラク人の手に返す以外に、流血に終止符を打つ道はない。

「歴史的決断」の危険と愚かさ（〇三年一二月）

「まさに今……日本の理念、国家としての意思が問われている。日本国民の精神が試されている。危険だからといって人的な貢献をしない、金だけ出せばいいという状況にはない」「今回も自衛隊はイラクに赴き、イラク市民に必要な、歓迎されるような活動を行い、必ずや……高い評価を受けるものと思う」

〇三年一二月九日、イラクへの自衛隊派遣の基本計画を閣議決定した後、小泉首相が行った記者会見での冒頭発言の一部だ。

これに対し、読売新聞は翌一〇日の社説で、こうたたえた。

「日本の国際協力に新たな展開をもたらす歴史的決断だ」

また、かつて陸上自衛隊北部方面総監をつとめた志方《しかた》俊之・帝京大教授も、その意義をこう力説した（今回の派兵の中心となる北海道旭川の第二師団は北部方面隊に属する）。「小泉首相は、日本が国際社会から最低の国と言われないため、戦後最大の判断をした」（朝日新聞、03・12・10付）

たしかに「歴史的決断」だろう。だがそれは、現在と未来に背を向けた「決断」というほかない。

まず経過と現状から見ていこう。

イラク戦争は誰が引き起こしたのか。米国のブッシュ政権が英国のブレア政権と組んで起こした。したがって、戦後のイラク占領軍も、米英軍が中心で米英軍が統率する（一二月現在、米軍＝一三万、英軍＝一万一千人）。

占領行政も、米英による暫定占領当局（ＣＰＡ）が行っている。治安も復興事業も、このＣＰＡと米英軍の統制下にある。

しかしそれは順調にすすんでいない。順調どころか泥沼化するばかりだ。理由は、占領軍への「テロ攻撃」が激化する一方だからだ。「犯人」は、フセイン政権の残党や失業軍人、外部から来たテロ組織アルカイダなどが指摘されている。が、決定的なのは、イラク民衆の占領軍への不信だ。

英国のオックスフォード・リサーチ・インターナショナルが昨年の一〇～一一月、バクダッド大学の協力で行った世論調査では、占領軍に対して「まったく信頼感を抱いていない」が57％、「ほとんど信頼していない」が22％、合わせて占領軍への不信は八割に及んだ。

こうした不信と敵意の海の中へ、自衛隊は出ていくのである。

さる一一月二九日、イラクで犠牲となった奥克彦大使は、死の三週間前、朝日新聞の小倉いづみ記者に、「CPAに派遣されている日本人外交官」に対するテロ予告が来ていると明かした上、こう言ったという。

「私なんか名指しされているも同然ですよ」（朝日新聞、12・4付）

CPAの一員だったから、奥大使はねらわれた。自衛隊もイラクに行けば、米軍の率いる占領軍の一員と見られることになる。

イラク復興支援特別措置法では、自衛隊の派遣先として「非戦闘地域」が大前提となっている。「武力行使」を禁じた憲法をもつ以上、当然だ。小泉首相も「戦争に行くのではない」と強調した。

では、どうして無反動砲や対戦車弾などを持っていくのか。イラク特措法でも武器使用が認められているのは正当防衛と緊急避難の場合だけだが、突然攻撃を受ければ、当然それに応戦することになり、否応なく「戦闘行為」に入っていくことになるだろう。「武力行使」はもはや時間の問題だ。

じゃあ、どうしたらいいのか。イラクの人々の困窮をこのまま傍観していていいのか。自衛隊派遣を批判すると、必ず出る反論だ。

これもまず現状認識から出発しよう。日本はイラク復興支援のため、二〇〇七年までに五〇億ドル（約五五〇〇億円）、そのうち〇四年分として一五億ドル（約一六五〇億円）の無償援助資金協力を約束した。戦争の非当事国としてはダントツの額だ。

それに、すでに現在、イラク全土三〇カ所以上でＮＧＯ（非政府組織）は食糧・医療援助や学校再建などの活動を展開している。ピースウィンズ・ジャパン（ＰＷＪ）やジェン（ＪＥＮ）、日本国際ボランティアセンター（ＪＶＣ）などだ。

昨年一一月末、政府は先の一五億ドルの無償協力資金のうち五億円を第一弾として支出することを決めたが、そのうち三億円分はＰＷＪとＪＥＮに対してだった。

さる一二月三日、招かれて来日したイラク南部の主要部族「リカーブ族」の部族長の子息であるアブドルアミール・アル・リカービ氏は、小泉首相と面会、イラク南部メソポタミア湿原の再生が南部の民衆が最も望んでいる支援策だと伝えたが、自衛隊派遣の問題には触れなかったという。

しかし二日後の記者会見では、リカービ氏は「あらゆる外国軍隊のイラクへの派遣と駐留、占領は受け入れられない」と言明、「今の状況下で自衛隊を送れば、人道援助という目的によっても、占領軍の一部になるという本質は変えることはできない」と語った（朝日新聞、12・6付）。

他にも選択肢があるのに、何がなんでも自衛隊派遣をと猛進する小泉首相の「決断」は、危険で愚かな選択というほかない。この実行を国民世論の高まりでくいとめられるかどうか、まさに――「日本国民の精神が試されている」。

「失望」を買いに行くのか（〇四年一月）

ついに陸上自衛隊のイラク派兵が始まった。自衛隊の発足からちょうど五〇年、戦闘状態がつづく他国の領土に武装部隊が出てゆく最初のケースとなる。

イラク南東部の中都市サマワへの陸自の派兵は、三つの段階をふんで行われる。まず先遣隊三〇人が行って、部族長などとの顔つなぎをするとともに、宿営地を建設する土地を借りる契約をすます。

次に、約八〇人の施設部隊が行って一カ月あまりかけて宿営地を建設する。その後、本隊四四〇人が二月末から三月末にかけ三組にわかれて出発するという段取りだ。

送られる部隊は五五〇人で編成されるが、次の三つに大別される。

- ●警備中隊……一三〇人
- ●人道復興支援活動……一二〇人
- ●司令部・後方支援……三〇〇人

今回のイラク派遣は「人道復興支援」だと小泉首相は力説した。が、実際にその活動に従事するのは二割強にすぎない。理由はいうまでもなく、そこはまだ戦争状態が継続中だからだ。

警備中隊は、機関銃や対戦車火器の射撃技術をもった隊員や装甲車両が操縦できる隊員で構成されている。まさに戦闘部隊にほかならない。その警備中隊に守られて行う人道復興支援には、次の三つのグループが当たる。

●浄水・給水隊……約30人
●衛生隊（医療支援）……40人
●施設隊（施設の復旧）……50人

そしてこのほかに、司令部や通信、整備、補給、輸送などに当たる隊員が三〇〇人というわけだ。

支援活動の目玉となる浄水は、ユーフラテス川の水を宿営地の中に引いてきて、トラックに積み込んだ浄化装置を使って行う。

宿営地は、車で突っ込んでくる自爆攻撃を防ぐため、東京ドーム一四個分の広さの土地をフェンスと鉄条網の二重の外壁で囲み、さらに周囲に堀と壕をめぐらす。出入り口も一カ所だけで、それも直進できないように障害物を置いてジグザグにしか進めないようにしてある。施設隊が一カ月余をかけて造るトーチカのない砦《とりで》だ。

その宿営地に、サマワ市が持つ二〇台の給水車で浄化した飲料水を取りに来てもらい、市民に給水してもらう。自衛隊が自分で給水をしないのは、市内へ出てゆくと攻撃される恐れがあるからだ。したがって浄水・給水支援といっても、宿営地の中だけの浄水作業となる。これで本当にサマワの人たちに喜んでもらえるのだろうか。

サマワには実は、ちゃんとした浄水場がある。フォトジャーナリストの豊田直巳さんが昨年（〇三年）一月二四日に撮影したその写真が、一二月九日付けの東京新聞に出ていた。悩みは、停電と、それを補う発電機の老朽化だと水道技師は言ったという。必要なのは浄化装置ではない。電力なのだ。

しかしそれ以上にイラクの人たちが広く求めているものがある。雇用、働き口だ。

昨年（〇三年）一一月下旬にアメリカ国務省がイラクの主要都市住民に対して行った世論調査結果がある（朝日新聞、04・1・14付）。

それによると「不安に感じること」のトップは「治安」だが、その「治安回復に有効な措置」で断然多かったのが次の三つだった。「イラク人に職を与える」97％、「イラク人警察官を増やす」83％、「イラク人の政府にすべての政治的権限を委譲する」79％。

サマワでも失業率は70％だという。そのサマワで最大の新聞『アル・サマワ』がこの一月上旬に行った世論調査では、92％が自衛隊が来るのに賛成と答え、「日本の部隊とともに働きたいか」には74％が「はい」と答えたという（朝日、04・1・13付）。

そうしたサマワ市民の様子を、朝日の小倉いづみ記者はこう伝えている。

〈……サマワでは、自衛隊が来ると同時に多くの日本企業がサマワに進出し、失業問題が解決し、まちの再建が一気に進むと思っている市民が多い。市内で頻発する求職デモでは、昨年夏から駐留するオランダ軍による再建が「目に見える成果を上げていない」こと

や、「オランダ軍による地元市民の雇用が少ない」ことなどが批判の対象になった。〉(04・1・10付)

しかし、自衛隊の給水隊は宿営地の中で浄水作業を行うだけだ。また衛生隊も病院テントを張って治療や医療指導を行うだけだし、施設隊も学校など公共施設の修復や道路の補修などをするだけだから、たいした雇用は見込めない。「なんだ、日本の部隊もオランダ軍と同じじゃないか」サマワの人たちの失望・落胆する顔が、いまから目に見えるようだ。

イラクの人々が何を切実に求めているか、それは誰の目にも明らかだ。それなのに、自衛隊によるこうした「人道復興支援」しかできないのはなぜか。

理由は、危険の中で自分で身を守れるのは自衛隊以外にないからだ、と小泉首相はくり返した。

しかし、たとえば国際医療NGO「AMDA」代表で医師の菅波茂氏はこんな提案をしている(朝日、03・12・10付)。

〈……復興事業を日本国内で公募したらどうか。NGO(非政府組織)でも営利企業でも個人でも構わない。自己責任でやり遂げられるところに発注する。AMDAなら、現地の失業対策を基軸として、政府の途上国援助(ODA)で建設した病院に多国籍の医療陣を派遣し、教育機関を充実させ、水の確保のための事業をする。〉

やり方はいろいろある。すでに日本のNGOはイラク各地で支援活動をつづけてきている。

にもかかわらず、政府が陸上自衛隊の派遣に固執したのは、ブッシュ政権から「ブーツ・オン・ザ・グラウンド」（陸上部隊の派遣）を強く求められてきたからだ。

一方、自衛隊を「軍隊らしい軍隊」に脱皮させたい小泉首相は、このイラク派兵をその突破口にしようと望んでいるのだ。

しかし、その結果は見えている。「大勢の人を雇うらしい」と期待が大きかっただけに、サマワの人たちの失望は深いだろう。同時に、危険を冒して行った自衛隊の隊員もまた、期待に添えなかった失望を味わうにちがいない。

Ⅳ

変質する自衛隊

――「専守防衛」から「海外展開」へ

✣空中給油訓練と空中給油機の導入

『朝雲』という週刊の新聞があります。朝雲新聞社が発行する自衛隊関係者を対象にした新聞です。その〇三年一二月一八日号に、恒例の一〇大ニュースと、〇三年回顧の記者座談会が掲載されていました。

一〇大ニュースのトップ3は次の三つでした。

1位　有事関連3法が成立、防衛出動の政令整備
2位　イラク特措法成立、自衛隊派遣決まる
3位　弾道ミサイル防衛着手で初の予算要求

さて、その7位に挙げられていたのが「初の空中給油訓練の実施」でしたが、そのことについて記者座談会の中で司会者がこう語っていました。

「かつて戦闘機の導入に際し、野党が『専守防衛に反する』と空中給油の装置をはずさせた経緯があるが、今年は空自が初めて、F15戦闘機で空中給油訓練を行った。以前の国会論議を覚えている者にとっては隔世の感がある」

憲法第九条二項の「陸海空軍その戦力は、これを保持しない」という規定をかいくぐって発足させた自衛隊について、歴代の政府・自民党は、これは「自衛のための必要最小限

の実力」だから、憲法の禁じている「戦力」には当たらない、と説明してきました。したがって、自衛隊の任務はあくまで「専守防衛」であり、海外に遠征して戦うなど論外とされてきました。

戦闘機も、外部から侵攻してきた敵機を迎え撃つ邀撃《ようげき》がその任務とされました。現在もF15戦闘機は、邀撃《ようげき》戦闘機として位置づけられています。したがって、米国製の戦闘機に備えつけられている空中給油装置は、「専守防衛」の自衛隊には不要のはずだから取りはずすべきだという主張は、筋が通っていました。

ところがいまや、その自衛隊の戦闘機が堂々と空中給油訓練をやっているというのです。往時を知るものは、だれもが「隔世の感」を覚えるにちがいありません。

〇三年、自衛隊機の空中給油訓練は、米軍のKC135空中給油機と組んで三回、行われました。第一回は四月下旬、九州西方と四国沖の空域で、空自のF15戦闘機一〇機が参加、沖縄・嘉手納《かでな》基地の米空軍空中給油飛行隊の支援をうけ、米軍のパイロットの指導のもとで実地訓練を行ったのです。

ちなみにその訓練というのは、高度八千メートルの上空で、F15とKC135が一〇メートルの間隔を保ったまま時速五五〇キロ（新幹線の約二倍）で平行して飛行、その間、給油ブームを通して燃料を受け取るというものでした。

第二回の空中給油訓練は五月七日から一〇日間、秋田西方空域と青森県三沢東方空域で実施された日米共同訓練「コープノース」の中で行われました。米空軍からＫＣ１３５空中給油機二機が参加しました。

第三回は、六月五日から一五日間、米軍がアラスカで行った多国間演習「コープサンダー」に参加したＦ15機六機が、その往復路で米軍機と行った訓練です。片道五四〇〇キロ、約八時間という長距離飛行は、もちろん空自はじまって以来の経験でしたが、これによって日本のＦ15戦闘機も空中給油さえ受ければアジア全域に飛んで行けることが実証されたのです。

防衛庁はすでに空中給油機四機の導入を決めており、〇六年度にその一機目が配備されることになっています。

✣ヘリ空母の導入、イージス艦は六隻に

防衛庁の〇四年度の概算要求の中に、ついにヘリ空母の導入が盛り込まれました。全長一九五メートル、満載排水量一万八千トン、英国海軍の空母インビンシブル、スペインの空母プリンシペ・デ・アストリア、イタリアの空母ジュゼッペ・ガリバルディなどに並ぶ大型艦です。

海上自衛隊の大型艦導入は、すでにこれ以前からすすめられてきました。九八年に配備された「おおすみ」型輸送艦です。今回のヘリ空母と同様、艦橋《ブリッジ》が甲板《かんぱん》の右側に寄せられ、全通甲板となっています。全長一七八メートル、満載排水量一万四七〇〇トン、陸自の主力戦車である90式戦車（五〇トン）を最大で一八両搭載でき、自衛隊員一〇〇〇人を運ぶことができます。

さらにこの「おおすみ」型輸送艦の最大の特徴は、水面から浮上して走るエアクッション型の強襲上陸用舟艇《しゅうてい》ＬＣＡＣ《エルキャック》（Landing Craft Air Cushion）二隻を搭載していることです。すさまじい爆音をたてて走るこのＬＣＡＣは、90式戦車一両を積み込んで、海から直接海岸へ上陸することができます。まさに強襲上陸用舟艇なのです。

「おおすみ」型輸送艦は、海兵隊をのせて強襲上陸作戦を行う米海軍の揚陸艦と同じ構造・機能をもつ艦船であり、じっさい米海軍との共同演習も行っています。現在、「おおすみ」につづいて「しもきた」「くにさき」の同型艦が配備されています。

このように大型輸送艦三隻をすでに持っている上に、こんどはさらに大型のヘリ空母を造るというのです。正式名称はヘリコプター搭載護衛艦（ＤＤＨ）といい、速力30ノット（時速五五キロ）、乗員三四七人と発表されています。

防衛庁が発表した図を見ると、外見は完全に空母です。その図では甲板に三機のヘリコプターが描かれていますが、実際は甲板上に四機、後方甲板の下に七機が格納できるようになっており、合計一一機のヘリを搭載・運用できることになっています。

現在、海上自衛隊は四つの護衛艦隊（機動部隊）を持っています（基地はそれぞれ横須賀、佐世保、舞鶴、呉）。一つの護衛艦隊は、護衛艦八隻とヘリコプター八機で構成されていますが（いわゆる八八艦隊）、今回の巨大艦は一隻でもって一護衛艦隊を上まわる航空能力をもつことになります。そのため『朝雲』も「実質的には『護衛空母（ＣＶＥ）』もしくは『ヘリ空母（ＣＶＨ）』と呼ぶのが適切かもしれない」と解説しています（03・9・18号）。

ヘリ空母と呼ぶのは、決して誇張ではないのです。

では、どうしてこういうヘリ空母が必要なのでしょうか。『朝雲』（同前）は水上輸送能力が改善されるとして、こんな例を挙げています。

「海自には大型輸送艦『おおすみ』型が3艦就役しているが、同艦にはヘリ甲板はあるものの、ヘリの搭載・運用能力はない。このため、東チモールＰＫＯの際の陸自部隊の揚陸では、エアクッション艇で時間をかけて作業を行わざるを得なかった。もし16ＤＤＨが大型輸送ヘリを搭載して随伴すれば、物資の揚陸ははるかに効率化される」

まるで輸送艦あつかいですが、今回のヘリ空母はＤＤＨ、護衛艦なのです（護衛艦というのは海自独特の造語で、略号のＤは、デストロイヤー＝駆逐艦を示します）。将来は護衛艦隊群の中心艦として位置づけられることになります。護衛艦群は〝機動部隊〟としての能力を飛躍的に高めることになるのです。

このほか現在四隻保有しているイージス艦も、あと二隻を加えて六隻にする計画もすでに進行中です。イージス艦は東京湾に一隻浮かべれば、西は大阪、北は盛岡まで本州の三分の二をカバーする能力を持ちます。そんなケタはずれの能力を持つ軍艦が、どうして六隻も必要なのでしょうか。

海上自衛隊ですすむ巨艦化は、否応なく一つの方向をめざしています。「海外展開」です。「専守防衛」の原則は、もはや水平線の彼方に没してしまいました。

✣陸自の新戦略重点〝ゲリ・コマ対処〟

『朝雲』にはときどき「ゲリ・コマ」という一般紙には現われない用語が登場します。たとえばこんな見出しです。

「ゲリ・コマ対処など充実へ――個人装具や訓練強化」（03・1・16号）

ゲリはゲリラ（非正規戦闘集団）、コマとはコマンド（特殊部隊）をさします。そしてこの「ゲリ・コマ対処」が、いま陸上自衛隊の戦略的転換の一つのポイントとされているのです。

陸自がゲリ・コマ対策に乗り出したのは、九九年三月の能登半島沖の「不審船」事件の後からです。防衛庁の防衛力整備は五年きざみの中期防衛力整備計画にもとづいて行われますが、その二〇〇一年度からの中期防衛力整備計画に、対ゲリラ特殊部隊を新たに編成することが組み込まれたのでした。

たとえばゲリラが大都市に潜入し、重要施設を占拠したり破壊したりして生じる事態を、米軍は「低強度紛争」とよび、冷戦後の戦略転換の重点として取り組んできました。米軍の特殊部隊としてはグリーンベレーが有名ですが、その訓練のために米軍は沖縄の海兵隊基地キャンプ・ハンセンの一角に都市型戦闘訓練施設を造ります（九〇年完成）。しかしそこは恩納村《おんなそん》の住民居住地に近く、訓練では実弾も発砲するため、村の人々はグリーンベレーの進入路へのすわり込みを含め、村をあげて激しい抵抗をつづけたということがありました。結局、この訓練施設は住民の反対運動で九二年に撤去されるのですが、現在ふたたび、同じキャンプ・ハンセン内に建設が計画され、住民の激しい反対運動がつづいています。

その米軍と、陸上自衛隊がはじめて対ゲリラ戦の実動訓練を行ったのは、〇一年一一月のことでした。北海道大演習場（千歳、恵庭市《えにわし》）で、沖縄の第三海兵師団の六五〇人と、陸自一一師団の第一〇普通科（注・歩兵）連隊六五〇人が参加して、二週間、総合訓練を行ったのです。その模様を、朝日新聞はこう伝えていました。

「映画のセットのような仮設のビル内部での戦闘訓練で、擬装した日米の隊員が人形のゲリラ部隊を小銃や手榴《てりゅう》弾で交互にせん滅してみせた」（01・11・16付）

これが手はじめでした。翌〇二年九月二三日から約二週間、首都圏防衛を任務とする第一師団の第三四普通科連隊（静岡県御殿場市）の一二五名が、ハワイ・オアフ島にある米軍スコーフィールド・バラックス演習場へ派遣され、同演習場の市街地戦闘訓練施設を使って米軍第二五軽歩兵師団の一二〇名とともに共同訓練を行います。この訓練は「重要施設の破壊などを目的に市街地に潜入したゲリラ・コマンドの掃討を目的とした初の日米共同訓練で、普通科部隊が一個中隊規模で海外に派遣されたのは初めて」（朝雲、02・10・3号）のことでした。

この共同訓練は「ライジング・ウォーリア02」と名付けられ、「十八棟のビルや家屋、店舗が配置された〝市街地〟を舞台に、建物に立てこもった敵ゲリラを掃討する実動訓練」（同前）でした。その訓練の様子を、少し長くなりますが、同紙の記事を引用して紹介します。

「最初は米軍。敵のいるビルから道路を隔てた向かい側のビルに布陣した米軍は、圧倒的火力による制圧作戦を展示。一階に機関銃手、二階から狙撃手の援護を受けた突入班は、まず発煙弾を道路に複数投げ込んだ。……次いで一斉射撃を開始。グレネード・ランチャーなどが撃ち込まれ、強力な打撃力で敵を圧倒。次の瞬間、班の半数（四人）が二人ずつ向かいのビルに走り、窓から手榴弾を数個投げ込んで室内を爆破し、ドアから突入して敵を掃討。／まだ発煙弾が激しく煙を吹き出す中、別の組も続いて突入し、大声で前の組と連絡を取りながら別の部屋に押し入って内部の敵を制圧。その間わずか五分ほどだった。任務を達成した米兵士は互いに手をたたき、『グッド・ジョブ！』と称え合った」

さながらハリウッド映画を見るような感じです。では、陸自の方はどうだったでしょうか。

「一方、陸自の突入法は、忍者のように静かなものだった。敵の潜むビルから二十メートルほど離れた平屋建ての家に布陣した三四普連の二個班は、まず二人が飛び出してビル一階窓わきまで走る。この間、射撃は一切行われない。／二人は窓から手榴弾を投げ込み、室内を斉射。直後、他の二人がビルに達し、援護を受けながら次々と窓から室内に進入。逃げて隠れた敵（射倒的を使用）を追い詰めて掃討した。この間、不必要と思われる射撃はしなかった。／この時点で別の四人も現場に到達し、室内の四人の周囲を警戒。続いて部屋に入り、倒れている敵一人一人の生死を確認していく。／先に入った組長から『班長、掃討を完了！』と報告。班長が『安全装置、確認』の言葉をもって任務を完了した。これも五分程度の素早い作戦だった」

これを読むと、陸自の活動ぶりもなかなかのものですが、恐らくこれも共同訓練の〝成果〟だったのでしょう。同じ薗田嘉寛記者の記事によると、米軍はほとんどの演習場にこうした市街地戦闘訓練施設をもち、米軍歩兵の三人に一人が実戦の経験をもつということです。それだけにこの共同訓練は、陸自隊員に大きな刺激を与えたようです。派遣された第三四普通科連隊長がこう語っています。

「こちらに来て訓練施設のスケール、生きるか、死ぬかの心構えで訓練に臨む兵士の姿勢に圧倒された。ここでの訓練内容は今後の陸自に必要なもので、一から十まで学ぶことばかり。可能な限り訓練の成果を日本に持ち帰りたい」

こうして、陸上自衛隊の新戦略がめざすべきモデルが実物教育によって確認されたのでした。

つづいて同年一一月、大分県の十文字原演習場を中心に、自衛隊と米軍あわせて二万人が参加して日米共同統合演習が行われます。そこでは「周辺事態」を想定した邦人輸送や船舶検査、遭難した米兵の捜索救助活動などのほか、「敵」の特殊部隊に占拠された家屋を一八人の陸自隊員が自動小銃や機関銃を使って奪回するという演習が行われ、公開されました。

また同じ一一月、陸自北部方面隊と北海道警察（道警）による初の共同図上演習が行われています。外国のゲリラ・コマンドが北海道に潜入したのを察知した道警が政府に自衛隊の協力を要請、治安出動を下令された北部方面隊が対ゲリ・コマ対処訓練を受けた部隊を現地に急派するというシナリオでした。

✣「特殊部隊」の新設と都市型戦闘訓練施設の建設

一方、〇二年三月には、西部方面隊の直轄部隊として相浦《あいのうら》駐屯地（佐世保市）に「西部方面普通科連隊」が新たに編制されました。この「西普連」は六六〇名で構成されますが、そのうちの約半数がレンジャー記章をもち、衛生隊を含めた全隊員がヘリコプターからロープをつたって降りるリペリング降下ができるといいます。

レンジャー隊員とは、サバイバル技術、偵察行動、山地機動、潜入などの各種訓練からなるレンジャー課程を修了した隊員のことです。そうした隊員で構成される西普連は、まさしく特殊部隊といえます。事実、その特徴は「個人個人がサバイバルできる能力を持つ部隊」だといい、「中隊・小隊・分隊レベルで敵に対面し、個々の戦闘力で戦う」ことを主眼に激しい訓練を行っているといいます。

同じような陸自の精強部隊として知られているのが、自衛隊唯一のパラシュート部隊、第一空挺団です。千葉県の習志野《ならしの》駐屯地に本拠を置きますが、その第一空挺団を改編するとともに、同じ習志野駐屯地に〇三年、新たに約三百名からなる「特殊作戦群」が編制されました。移動監視レーダーや個人用の暗視装置なども装備した対ゲリラ戦の専門部隊です。

都市型戦闘訓練施設も、静岡県の東富士演習場に鉄筋コンクリート一一棟からなる施設を建設、北九州市にある曽根訓練場にも新たな市街地訓練施設をつくり、また滋賀県の饗《あえ》庭野《ばの》演習場にも新設しました。

このように陸上自衛隊の新戦略は、訓練、部隊編制、装備、施設など全域にわたって展開中です。冷戦の終結によってソ連という仮想敵を失った陸上自衛隊が、「大規模テロ」や「不審船」「武装工作船」の出現によって〝新たな敵〟を見いだしたともいえます。

しかし、日本に対する「ゲリ・コマ攻撃」が、はたして現実に考えられるのでしょうか。想定されているのは北朝鮮からの攻撃ですが、第Ⅱ章でも述べたように（一一四ページ）、この仮定にはリアリティーがありません。理由は、北朝鮮がゲリ・コマを日本に送り込んできたとして、そこで得るものは何もないからです。

『防衛白書』〇二年版は「西部方面普通科連隊」新編制の理由として、九州・沖縄方面に集中して存在する「島嶼《とうしょ》におけるゲリラや特殊部隊によるものを含む侵略行為や災害に対し、迅速かつ機動的に展開して対処する態勢の確率が非常に重要」だと述べていますが、災害は別として島々への「侵略行為」が、大昔の倭寇《わこう》の時代ならいざ知らず、現代に起こり得るとは到底考えられません。

だとすると、自衛隊の「特殊部隊」が活動する場は、海外しか考えられません。世界の各地に軍隊を「前方展開」する米国は、とくに紛争要因をかかえる不安定地域に対しては、自国の利益と覇権維持のためにはいつでも武力介入する用意のあることを隠していません。冷戦後の戦略の中心には、早くから「低強度紛争」をすえてきました。米国がアジアのどこかで武力介入を開始したとき、米国の最も忠実な同盟国・日本の特殊部隊が、「国際協力」「国際貢献」の名の下に米海兵隊やグリーンベレーとともに紛争に介入していくことが、当面はないとしても、将来もないと言い切ることはできません。なぜか。

次のような事実があるからです。

✣自衛隊の主任務に格上げされる「国際協力」

〇三年一二月四日、小泉首相は石破防衛庁長官に対し、「新しい時代のことも考えて日本の防衛体制を検討してほしい」と従来の防衛力整備のあり方を見直すよう促した、といいます（朝日新聞、03・12・24付）。

半月後の同月一九日、「防衛力の見直し」が、安全保障会議と閣議で決定されました。

その中で、自衛隊の本来の任務である「国土防衛」に加えて、「国際社会の平和と安定のため」に防衛力を積極的に活用する方針が示されたのです。

自衛隊はその名称「セルフ・ディフェンス・フォース」のとおり「専守防衛」を本来の目的・任務としています。そしてそのことは自衛隊法第三条に明記してあります。その自衛隊を、小泉内閣閣議決定「防衛力の見直し」は、「本来の日本防衛のほか、国際協力活動など多目的に運用される組織」（朝日、同前）に変えていこうというのです。

そのため装備の面でも「海外派遣用に長距離輸送機や大型輸送艦の配備を目指す」（同前）ことになっています。大型輸送艦については、すでに「おおすみ」型輸送艦三隻を保有していることを先に見ました。大型輸送機については、今回のイラク派兵にあたって装甲機動車などを空輸する大型輸送機を持っていなかったためロシアのアントノフ貨物機をチャーターしましたが、今後は自前でやれるように大型長距離輸送機を調達するというわけです。

つづいて〇四年一月三日、政府は、この自衛隊の海外活動を「国土防衛」と並ぶ主任務とすることを法的に根拠づけるため、自衛隊法を改正する方針を固めたことが報じられました（東京新聞、04・1・4付）。〇三年、自衛隊法の大改正をやったばかりだというのに、またも改正するというのです。しかも今度は、自衛隊の基本的位置づけにかかわる第三条を改正するというのです。

自衛隊の「国際協力」活動は、これまでPKO協力法と国際緊急援助隊法によって行われてきました。それでとくに問題はなかったはずです。それなのに、わざわざ自衛隊法を改正して「国際協力」を自衛隊の主任務に掲げるということは、その「国際協力」がPKO活動ではないということを示していると考えざるを得ません。

今回、イラクに送られた陸上自衛隊のうち警備に当たる一三〇名は、対戦車火器までを装備した戦闘部隊でした。「人道復興支援」といいつつ一緒に戦闘部隊も出ていったのです。これが「国際協力」の実態でした。

「国際協力」の名の下に、自衛隊特殊部隊が長距離輸送機で派兵されることが、今後ないとはいえません。その海外展開に法的根拠を与えるために、政府は自衛隊法を改正し、そのための装備も調達しようとしているのです。「自衛」隊の名称変更の時期は、急接近してきているといわなくてはなりません。

✣すすむ自衛隊・米軍の一体化とミサイル防衛

先に空自の空中給油訓練や陸自の市街地戦闘訓練で見たように、米軍と自衛隊の共同訓練・演習はひんぱんに行われています。『しんぶん赤旗』が防衛庁に情報公開請求を行って得た同庁のデータによると、〇二年四月―〇三年三月の一年間に行われた日米共同演習は一一七回、延べ日数で三六六日以上にのぼります（しんぶん赤旗、03・8・5付）。その内訳は次のとおりです。

●海上自衛隊――六八回（一七二日）
●航空自衛隊――三七回（七三日）
●陸上自衛隊――　七回（一〇二日）
●統合演習　――　五回（一九日以上）

なおこれには、空自のF15が往復路で空中給油訓練を行ったアラスカでの多国間演習は含まれていません。

以下も『赤旗』で報じられた防衛庁開示資料からですが、最も多い海自の六八回の共同訓練のうち六〇回を占めていたのが「小規模基礎訓練」と呼ばれるものでした。これについて海上幕僚監部が作成した報告書「平成14年度小規模基礎訓練の実施成果について」は、「いずれの訓練も短期間の調整にもかかわらず、整斉かつ円滑に実施できた」と自賛し、「日米共同運用態勢が定着した証左」と評価しています。

海自の残る八回の共同訓練・演習の中には、環太平洋合同演習（リムパック）が含まれていました。このリムパックは、米第三艦隊が主催して一九七一年からほぼ隔年で行っているもので、海自も八〇年から参加しています。その「リムパック２００２」で、これまでは指揮される側だった海自が初めて、米海軍の艦艇を指揮することになったといいます（沖縄タイムス、02・7・8付）。

記事は演習直前のものですが、演習シナリオはハワイ諸島を複数の国に見立てて、地域紛争やテロ攻撃の発生を想定、それに対し海自のイージス艦「きりしま」など四隻の護衛艦と米海軍のフリゲート艦など二隻が合同艦隊を編成、海自が米艦を指揮して事実上の戦術統制を行うことになっていました。護衛艦四隻とそれより小型のフリゲート艦二隻なら、護衛艦側が指揮権をとるのは、普通に考えれば当然のことですが、防衛庁関係者はこう語ったといいます。――「これまでの関係を一歩踏み出しており、日米の防衛協力が新たな段階に入った表れだ」。

こうして自衛隊と米軍の一体化は着々と進行しているのですが、その最大のものがミサイル防衛です。なにしろ、すでに開発段階からタイアップしてすすめてきているのです。ミサイル防衛については第Ⅲ章で述べていますので（二一七ページ以下）、ここでは二つの点についてだけふれます。

一つは、「敵」ミサイルの発射をキャッチして自衛隊に通報してくるのは、米国の軍事衛星だということです。いわば目と耳を米軍にゆだね、自衛隊は迎撃ミサイルの発射ボタンを押す「手」だけの役割をもつのです。こういう同盟関係を、何と言ったらいいのでしょうか。

もう一点は、集団的自衛権にもかかわる問題です。想定されている「敵」は北朝鮮ですが、そこから米国へ向けて発射された大陸間弾道弾は日本の上空を通過します。弾道ミサイルは、発射されてすぐはどこへ向かっているかわかりません。日本と北朝鮮の間には、少なくとも軍事的敵対関係はありませんが、米軍と北朝鮮は三八度線をはさんで明瞭に軍事的敵対関係にあります。五〇年前には実際に戦火を交えました。そう考えると、土壇場まで追いつめられた北朝鮮の弾道ミサイルが米本土へ向かう確率が、日本より低いとはいえません。それに、敵ミサイル発射の通知と迎撃の指示は、先に見たように米国の軍事衛星から発せられるのです。

だとすると、自衛隊のイージス艦に配備されるスタンダードミサイル3が撃ち落そうとしているのは、米本土へ向かう弾道弾かも知れません。つまり、日本のミサイル防衛は米本土防衛の一環かも知れないのです。

しかし、こうした疑問について国民には一言の説明もないまま、ミサイル防衛は防衛政策の第一課題に掲げられ、〇六年の配備をめざして、総額およそ一兆円のうち〇四年度分として一四〇〇億円の予算が振り向けられたのでした。

❖「専守防衛」隊から「海外展開」軍へ

以上、見てきたように、自衛隊はいま激しく変わりつつあります。きわだっているのは、米軍との一体化であり、めざす方向は海外への展開です。自衛隊法の大改正を含む有事法制関連法の成立、自衛隊のアフガン戦争への参戦からイラク派兵へと進んでいった政治の裏側で、こうした自衛隊の変容・変質が進行していたのです。

この二つの進行過程を重ね合わせると、この国が「軍事国家」へと回帰してゆく有様が、いっそうくっきりと浮かび上がってくるでしょう。

第二次大戦前の日本には、陸軍省、海軍省があり、陸軍大臣、海軍大臣が存在していました。現在の防衛庁を「防衛省」に、というのが、多くの防衛庁・自衛隊関係者、自民党政治家の願望です。

参院防衛省設置推進国会議員連盟というのがありますが、その議連の規約第一条にはその目的がこう書かれているそうです。――「現行の『防衛庁』から『防衛省』への移行実現のための活動をおこなうことを目的とする」

その参院防衛省設置推進国会議連が〇三年七月一〇日、憲政記念会館で開いた総会には、石破防衛庁長官、赤城副長官、伊藤事務次官のほか古庄海上幕僚長、先崎《まつさき》陸上幕僚長、星野航空幕僚副長など制服組のトップも参加しました。

その席上、制服組を代表してあいさつした古庄海幕長はこう述べました。——「来年は防衛庁設置五十周年、防衛省昇格元年になったらいいと思っている。制服組にできることは何でもやる」。そして、自衛隊の名称を「軍」へ変更するよう求めたというのです（しんぶん赤旗、03・7・13付）。（なお〇四年二月二六日には自民党の衆参議員八四人と秘書など代理出席一〇〇人余が参加して「防衛庁を『省』にする国会議員の会」が設立されました。）

先に第Ⅱ章で引用した小泉首相の言葉が思い出されます。

「いずれ憲法でも自衛隊を軍隊と認めて……日本の国を守る、日本の独立を守る戦闘組織に対して、しかるべき名誉と地位を与える時期が来ると確信している」

また、アーミテージ報告にはこんな言葉がありました。

「合衆国の三軍すべてと日本の全自衛隊との強固な協力」「用途が広く、機動性、柔軟性、多様性に富み、生存能力の高い軍事力構造の構築」

「自衛隊」から「国軍」へ、さらに「専守防衛」から「海外展開」へ。これが、防衛庁・自衛隊の幹部たちと、また小泉首相はじめ自民党主力の人々および米国の政治指導者たちがめざしている方向です。そして自衛隊は、イラク派兵によって、その第一歩を踏み出したのです。

	約束。10.25、防衛庁、イラク特措法による派遣の特別手当を一日3万円（ＰＫＯなどは2万円）にし、弔慰金の最高限度額を9千万円（現行6千万円）に引き上げる方針を決める。 10.27、バグダッド中心部の赤十字国際委員会の現地本部付近など連続爆弾テロ。35人死亡、230人負傷。 10.30、国連、イラクからの撤退を始める。 11.2、バグダッドの国際空港に向かっていた米輸送用大型ヘリがファルージャ南方で撃墜され、米兵16人が死亡。 11.7、ティクリットで米軍ヘリが墜落、6人全員死亡。 11.8、イラク戦争での「救出劇」でヒロインとなったジェシカ・リンチ陸軍上等兵、「私は利用された」と軍の情報操作を批判。 11.12、イラク南部ナーシリアのイタリア警察軍の駐屯地へ自爆攻撃。イタリア軍14人を含め22人が死亡。 11.15、北部モスルで米軍ヘリ2機が墜落、17人死亡。 11.20、イスタンブールの英国総領事館に自爆テロ攻撃。総領事を含め、死者26人、負傷者450人以上。アルカイダ、犯行声明。 11.29、奥、井ノ上の両大使、バグダッドからティクリートへの途上で襲撃を受け死亡。 12.9、イラク特措法に基づく自衛隊派遣「基本計画」閣議決定。 12.14、サダム・フセイン、故郷ティクリート近郊の農家の庭先の地下壕に潜んでいたところを米軍に発見され、拘束される。 12.18、政府、イラク特措法における実施要項の概要発表。 12.20、公明党・神崎代表、極秘にサマワ視察。 12.27、イラク中部カルバラのイラク駐留軍の駐屯地に自爆攻撃。ブルガリア軍兵士5人、タイ軍兵士2人を含め19人死亡。
2004	1.9、防衛庁、報道各社に対し「イラク現地取材の自粛」を要請。 1.16、陸自の30人、イラクへ向け成田を出発。19日、イラク入り。自衛隊のイラク派兵は陸海空あわせて最大1050人となる計画。 1.18、バグダッドの米英暫定占領当局（ＣＰＡ）本部そばで自爆テロ。米国人2人を含め20人が死亡、60人近くが負傷。 1.22、空自150人のうち110人が小牧基地からクウェートへ出発。 2.3、陸自本隊の先発隊90人、政府専用機でイラクへ出発。 2.8、陸自本隊の先発隊、サマワに入る。機関銃を据え付けた装輪装甲車を含む装甲車25両を連ねて。 2.9、自衛隊のイラク派兵承認案、参院で可決。 2.13、韓国国会、イラクへの3000人増派を可決。

(国際原子力機関)の核査察協定の拘束からの離脱を宣言。
2. 15、世界各地で空前の反戦デモ。ニューヨークで50万人、ロンドンで200万人、ローマで300万人、マドリッドで200万人…など世界60カ国、400都市で1000万人参加。
3. 2、アラブ首脳会議、イラク攻撃反対の声明採択。
3. 7、国連査察委員会、「査察はなお数カ月必要」と報告。
3. 17、米英スペイン首脳、17日で外交交渉打ち切り合意。小泉首相、「国連決議なしでも米国支持」を表明。
3. 18、国連査察団、イラクを退去。
3. 20、米英軍、イラクへトマホーク巡航ミサイルなどで攻撃開始。小泉首相が緊急会見、「米国のイラク攻撃を理解し、支持する」と表明。
3. 27、米中央軍、劣化ウラン弾の使用を認める。
4. 4、米英軍、サダム国際空港をほぼ制圧。
4. 5、米英軍、バグダッド制圧。
5. 1、ブッシュ米大統領、「戦闘」終結宣言。
5. 12、サウジアラビアの首都リヤドで欧米人をねらった連続爆弾テロ。91人死亡、194人負傷。
5. 22、国連安保理、イラク経済制裁解除を決議。
6. 6、有事３法成立。
6. 13、政府、イラク復興支援特別措置法(イラク特措法)、テロ対策特措法を2年間延長する改正案、国会提出。
7. 10、空自のＣ130輸送機2機、ＰＫＯ協力法に基づき、イラク向け救援物資の輸送活動のため中東へ出発。
7. 13、イラク統治評議会発足。
7. 22、フセイン大統領の長男ウダイ、次男クサイ、殺害される。
7. 26、イラク特措法成立。
8. 7、バグダッドのヨルダン大使館前で爆弾テロ、17人死亡。
8. 19、バグダッドの国連現地本部事務所で爆弾テロ。デメロ国連事務総長特別代表を含む24人が死亡。
8. 29、シーア派聖地ナジャフで爆弾テロ。イラク・イスラム革命最高評議会の最高指導者ハキム師を含む80人以上が死亡。
9. 23、アナン国連事務総長、国連総会の一般演説で、安保理の承認なしに先制攻撃の権利を持つとする米国の論理を「国連憲章に対する根本的な挑戦」と厳しく批判。
10. 26、ウフォルフォウィッツ米国防副長官が滞在していたバグダッドのホテルにロケット弾。米国人1人死亡。
10. 23〜24、マドリードでイラク復興支援会議。共同議長を務めた川口外相は、04年分の無償15億ドルを含め07年までに計50億ドル（約5500億円。各国拠出総額の15％に当たる）の拠出を

	10.11、アーミテージ・レポート発表。
2001	9.11、ニューヨーク、ワシントンで同時テロ。犠牲者約3000人。 9.20、ブッシュ米大統領、「対テロ総力戦」宣言 9.25、小泉首相、ワシントンでブッシュ米大統領と会談、米国への可能な限りの貢献と、そのための「新法」を準備中と伝える。 10.7、米英軍、アフガニスタン攻撃開始 10.29、アフガン作戦の米軍支援のためのテロ対策特別措置法成立。 11.9、海上自衛隊の護衛艦2隻、補給艦1隻、「情報収集のため」としてインド洋へ向け出港。 11.13、アフガンの首都カブール陥落。 11.25、テロ特措法に基づき海自の補給艦、掃海母艦、護衛艦の3隻が米軍後方支援と難民救援物資支援で出港。 12.2、海自補給艦による米艦船への洋上給油開始。 12.5、アフガニスタン暫定政権協定に調印。12.7、タリバンの根拠地カンダハル陥落。 12.7、ＰＫＯ協力法改正（武器使用の制約の緩和と、ＰＫＦ本体業務への参加「凍結」を解除） 12.22、奄美大島沖で武装「工作船」と海上保安庁の巡視船4隻が銃撃戦。「工作船」（実は麻薬密輸船）は自爆して沈没。
2002	1.21～22、東京でアフガン復興支援国際会議。 1.29、ブッシュ米大統領、一般教書演説で、北朝鮮、イラク、イランの3国を「悪の枢軸」と名指しで断定。 4.16、政府、有事法制関連3法案を閣議決定、翌17日、国会提出。 5.28、防衛庁、情報開示請求者のリストを庁内コンピューターネットワークに掲示していたことが暴露される。 7.19、ブッシュ米大統領、イラク先制攻撃を強調。 8.15、米国防総省、02年次国防報告に先制攻撃の可能性を明記。 9.7、米英首脳、イラクの大量破壊兵器開発で認識を一致。 9.17、小泉首相・金正日総書記「平壌宣言」（日朝国交正常化交渉再開合意） 9.16、イラク、アナン国連事務総長に対し大量破壊兵器について査察の無条件受け入れを表明。 10.10、米国下院、イラク攻撃容認を決議、翌日、上院も。 11.8、国連安保理、イラク問題で決議1441を全会一致で採択。 11.27、国連によるイラクの大量破壊兵器査察、4年ぶりに再開。 12.26、政府決定により、インド洋へ向けイージス艦「きりしま」横須賀を出港。
2003	1.10、北朝鮮、ＮＰＴ（核不拡散条約）からの脱退とＩＡＥＡ

	11. 27、日米防衛協力のための指針（ガイドライン）決定。
1981	4. 22、防衛庁、有事法制研究・第1分類の中間報告発表。
1984	10. 16、防衛庁、有事法制研究・第2分類の中間報告発表。
1985	6. 6、自民党、国家秘密法案を国会に提出。いったんは継続審議 となるが、この年12. 20、廃案に終わる。
1989	11. 9、ベルリンの壁、崩壊。12. 3、ソ連・ゴルバチョフ書記長、米・ブッシュ大統領、マルタ島で会談、冷戦終結を宣言。
1990	8. 2、イラク軍、クウェートに侵攻（湾岸危機）。
	10. 16、政府、国連平和協力法案を国会に提出（11. 9、廃案）。
1991	1. 16、米軍主体の「多国籍軍」、イラク空爆開始（湾岸戦争）。
	2. 24、多国籍軍地上部隊、イラクに進攻。2. 27、イラク降伏。
	4. 26、海上自衛隊の掃海部隊（6隻）、ペルシャ湾へ出航。
	9. 19、政府、ＰＫＯ協力法案を国会に提出。
1992	1. 9、宮沢首相・ブッシュ米大統領による「東京宣言」。日米は「アジア太平洋における死活的利益を共有」と言明。
	6. 15、ＰＫＯ協力法、国際緊急援助隊法改正可決(8. 10施行)。
	9. 17、自衛隊ＰＫＯ派遣部隊、カンボジアへ出発。
1993	8. 9、細川連立内閣成立、自民党の一党長期政権倒れる（55年体制の終焉）。
1994	6. 13、北朝鮮、ＩＡＥＡからの脱退を表明。朝鮮半島の危機が高まる中、6. 16、カーター米国元大統領、訪朝して金日成主席と会談、危機が回避される。
	6. 30、村山社会党委員長を首班とする自、社、さきがけ連立内閣成立。7. 20、村山委員長、自衛隊合憲、日米安保堅持を表明。
	11. 3、読売新聞、憲法改正試案を発表。
1995	9. 4、沖縄で米兵3人による少女暴行事件。
1996	4. 17、橋本首相・クリントン米大統領による「日米安全保障宣言」(安保再定義。日米安保を地球的規模へと拡大)。
1997	4. 23、米軍用地特措法の一部改正公布・施行。米軍用地使用の手続きを知事が拒否しても、首相による代執行が可能になる。
	9. 23、新日米防衛協力のための指針（新ガイドライン）を日米安全保障協議委員会了承。
1998	8. 31、北朝鮮、ミサイル「テポドン」試射。
1999	3. 24、能登半島沖、「不審船」事件。
	5. 24、周辺事態法、日米物品役務相互提供協定改定成立。
	7. 29、衆参両院に憲法調査会を設置する国会法改正（翌年、1. 20に設置)。
	8. 9、国旗・国歌法成立。8. 12、改正住民基本台帳法成立。
2000	3. 16、与党(自自公)3党、有事法制の検討開始を政府に申し入れ。
	6. 14、金大中・金正日両首脳による「南北共同宣言」。

「非戦の国」が崩れゆく＝関連略年表

1945	4.25、サンフランシスコで国連創立総会開幕（50カ国参加）。 6.26、国連憲章採択。
1945	8.14、日本政府、ポツダム宣言受諾。日本の敗戦で第二次世界大戦終わる。15日、天皇、ラジオで「終戦」の詔書を放送。
1946	11.3、日本国憲法公布。
1947	5.3、日本国憲法施行。
1950	6.25、朝鮮戦争勃発。7.8、マッカーサー連合国軍総司令官、警察予備隊創設・海上保安庁増員を指令。8.10、警察予備隊令公布、即日施行。8.23、第一陣7000人が入隊。
1951	9.8、サンフランシスコ講和会議で対日平和条約・日米安保条約 調印。
1952	4.28、対日平和条約・日米安保条約発効。日本は独立を回復、ただし沖縄は引き続き米軍の占領行政下におかれる。 8.1、保安庁発足、10.15、警察予備隊、保安隊に改組。
1954	6.2、参議院、「自衛隊の海外出動をなさざることに関する決議」採択。 6.9、防衛庁設置法、自衛隊法公布、7.1、防衛庁、自衛隊発足。
1959	3.30、砂川事件で東京地裁の伊達裁判長、日米安保条約は違憲、の判決（12.16、最高裁、伊達判決を破棄、「統治行為論」で安保に対する判断を停止）。
1960	1.19、日米新安保条約調印。5.19、政府・自民党、衆院に警官隊を導入、新安保条約を単独強行採決。以後、連日デモの波が国会を包囲。6.15、東大生・樺美智子死亡。6.17、東京の7新聞社、「その事のよってきたるゆえんを別として」暴力排除、議会主義擁護の7社共同宣言。6.19、新安保条約、自然承認。
1964	8.2、トンキン湾事件（後に虚構が発覚）。米空軍、北ベトナム爆撃を開始、米国のベトナム戦争への本格的介入始まる。
1965	2.10、社会党・岡田議員、衆院予算委で自衛隊・統幕会議の極秘文書「三矢研究」（1963年）を暴露、大問題となる。
1970	6.22、新安保10年の期限切れを迎え、政府は自動延長を声明。
1972	5.15、沖縄、日本に復帰。9.29、日中国交回復。
1973	9.7、長沼ナイキ（ミサイル）訴訟で、札幌地裁の福島裁判長、自衛隊は違憲の判決（1982、9.9、最高裁、福島判決を破棄、高裁判決を支持）。
1978	5.11、金丸防衛庁長官、在日米軍への「思いやり予算」を計上。 7.19、栗栖弘臣統幕会議議長、記者会見で、『週刊ポスト』での「超法規」発言を再確認。 7.27、福田首相、防衛庁に有事法制研究の促進を指示。

あとがき

二〇〇二年五月、私は『有事法制か、平和憲法か』（高文研）という小さな本を、文字どおり緊急出版しました。その前月に国会に提出された有事三法案、とりわけ自衛隊法改正案の全容を知って、強い危機感に突き動かされたからでした。

今回の自衛隊法改正案のベースになったのは、冷戦時代さなかの一九八〇年前後に防衛庁内ですすめられた有事法制研究です。それは、旧ソ連の大兵力による日本への着上陸侵攻が前提となっていました。そのため今回の自衛隊法改正案は「時代錯誤《アナクロニズム》」だという批判を受けました。しかし、なぜ政府がこんなアナクロの法案を提出したのかについては、ほとんど論議がありませんでした。

〇二年五月の私の小著はその問題を中心的に取り上げ、政府のねらいは、自衛隊に対する平和憲法法体系による拘束をゆるめ、解除することにより、「演習場の中の軍隊」にとどめられている自衛隊を戦う「国軍」へと脱皮させることにあると主張して、自衛隊法改正案への注意を喚起したものでした。

残念ながら、自衛隊法改正案は国会審議でもマスメディアでもほとんど論議の対象とならないまま「無傷」で成立してしまいました。

そのことに対する無念さも、私が本書を執筆した動機の一つとなっています。

本書を執筆している最中にも、事態は日々動いていきました。

この（〇四年）二月二日付の東京新聞では、半田滋記者の署名で次のような動きが伝えられました。

〈編成が完結した陸上自衛隊本隊がイラクに派遣される意味は、自衛隊が初めて「戦地」に入るだけにとどまらない。日本独自の判断で世界中、どこでも自衛隊を送り込む前例となるからだ。

防衛庁は年内に「防衛計画の大綱」を改定、専守防衛の根幹だった「基盤的防衛力構想」を捨てる。国防の任務は限りなく軽くなり、余技でしかなかった海外活動が本来任務に格上げされる。〉

政府・自民党が、自衛隊の目的を定めた自衛隊法第三条を改正し、「国土防衛」と並べて「国際協力」をその本来任務としようとしていることは、本文（二五四ページ）で述べました。それに対応して、自衛隊の今後の基本的な装備や編制を規定する「防衛計画の大綱」

を改定しようというわけです。「準備」は着々と進行しています。

では、こうした事実を、マスメディアはどれだけ伝えているでしょうか。本書の第Ⅳ章「変質する自衛隊」をまとめるに当たって、事柄の重大さに比してマスメディアが伝える情報の乏しさに、私は歯がゆさを覚えてなりませんでした。

先の東京新聞の半田記者は防衛問題を取材して一〇年余になるベテラン記者ですが、聞くところによると多くのマスメディアでは、防衛担当の記者は二、三年で交代し、テレビでは一年たらずで代わるケースもあるとのことです。これでは、五〇年の歴史をもつ自衛隊の動向を的確につかみとれるはずはありません。

インターネット時代とはいえ、市民の「知る権利」行使の代行者であるマスメディアの役割と責任は、今後も強まりこそすれ、弱まることはありません。『非戦の国』が崩れゆく」事態に関しては、マスメディアもきびしくその責任を問われているはずです。


「どうしてあんなばかげた戦争が食い止められなかったの?」

ヒロシマ、ナガサキの原爆投下で終わったアジア太平洋戦争の「戦後」に育った子どもからの問いかけです。その問いかけに正面からしっかりと答えることもないまま、いま再びこの国は「戦争をする国」へと回帰しつつあります。しかもその主導権をとっているのは、「戦後」に育った人たちなのです。正直のところ、何ともいいようのない気持ちになります。

しかし、日はまだ沈みきったわけではありません。イラク戦争開戦前の〇三年二月一五日には、世界の都市をつないで空前の反戦運動の波がわき起こりました。進行している事態を、歴史の文脈の中で正確にとらえ、それを的確に伝えることができれば、きっと新たな国民世論が形成されるはずです。民主主義社会では、一人ひとりの主体的判断にもとづく国民世論だけが政治の流れを変えることができます。本書が、そのための一資料となることを願っています。

二〇〇四年二月九日

梅田　正己

梅田　正己（うめだ・まさき）

1936年、佐賀県唐津市に生まれる。書籍編集者。1959年、出版界に入り、72年、仲間とともに高文研を設立、『月刊・考える高校生』（現在は『ジュ・パンス』と改題）を創刊。当初は教育書を中心に出版するが、80年代以降、沖縄問題、安保・憲法問題、ジャーナリズム問題、近現代史などに領域を広げる。

1985～87年、「国家秘密法に反対する出版人の会」の事務局を、86年以降、「横浜事件・再審裁判を支援する会」の事務局を担当。日本ジャーナリスト会議会員。

著書：『この国のゆくえ』（岩波ジュニア新書）『有事法制か、平和憲法か』『「市民の時代」の教育を求めて』（高文研）ほか。

「非戦の国」が崩れゆく

●二〇〇四年　三　月一五日――――第一刷発行

著　者／梅田正己

発行所／株式会社　高文研
東京都千代田区猿楽町二－一－八
三恵ビル（〒一〇一＝〇〇六四）
電話　03＝3295＝3415
振替　00160＝6＝18956
http://www.koubunken.co.jp

組版／WebD（ウェブ・ディー）

印刷・製本／精文堂印刷株式会社

★万一、乱丁・落丁があったときは、送料当方負担でお取りかえいたします。

ISBN4-87498-324-3　C0036